Das Kraft- und Weggrößenverfahren in Beispielen

Meyc Friedrich

Das Kraft- und Weggrößenverfahren in Beispielen

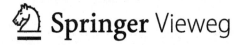

Meyc Friedrich
Rudolstadt, Deutschland

Der Autor weist darauf hin, dass weder eine Garantie noch irgendeine Haftung für Folgen, die auf fehlerhafte Angaben zurückführen sind, übernommen wird.

ISBN 978-3-658-01233-5　　　　　　ISBN 978-3-658-01234-2 (eBook)
DOI 10.1007/978-3-658-01234-2

Die Deutsche Nationalbibliothek verzeichnet diese Publikation in der Deutschen Nationalbibliografie; detaillierte bibliografische Daten sind im Internet über http://dnb.d-nb.de abrufbar.

Springer Vieweg
© Springer Fachmedien Wiesbaden 2013
Das Werk einschließlich aller seiner Teile ist urheberrechtlich geschützt. Jede Verwertung, die nicht ausdrücklich vom Urheberrechtsgesetz zugelassen ist, bedarf der vorherigen Zustimmung des Verlags. Das gilt insbesondere für Vervielfältigungen, Bearbeitungen, Übersetzungen, Mikroverfilmungen und die Einspeicherung und Verarbeitung in elektronischen Systemen.

Die Wiedergabe von Gebrauchsnamen, Handelsnamen, Warenbezeichnungen usw. in diesem Werk berechtigt auch ohne besondere Kennzeichnung nicht zu der Annahme, dass solche Namen im Sinne der Warenzeichen- und Markenschutz-Gesetzgebung als frei zu betrachten wären und daher von jedermann benutzt werden dürften.

Lektorat: Ralf Harms | Annette Prenzer

Gedruckt auf säurefreiem und chlorfrei gebleichtem Papier

Springer Vieweg ist eine Marke von Springer DE. Springer DE ist Teil der Fachverlagsgruppe Springer Science+Business Media.
www.springer-vieweg.de

Vorwort

"Das Kraft- und Weggrößenverfahren in Beispielen" soll Interessenten mit seinen 57 Beispielen und 351 Bildern Schritt für Schritt die Vorgehensweise zur Berechnung der genannten Verfahren verdeutlichen.

Es werden an statisch bestimmten und unbestimmten Systemen, zu denen unter anderem Fachwerke, Rahmen, Einfeld- und Mehrfeldträger gehören, neben Auflagerreaktion, Momenten-, Querkraft- und Normalkraftverlauf auch Verschiebungen, Verdrehungen, Diskontinuitäten, Federn und Temperatureinflüsse behandelt.

Inhaltsverzeichnis

Vorbemerkungen

Festlegungen

A = Querschnitt

E = E–Modul

EA = Längssteifigkeit

EI = Biegesteifigkeit

FBL = Faserbezugslinie (bei der Antragung der Schnittgrößen ist die FBL die positive Seite)

G = Schubmodul

g = Streckenlast

GA = Schubsteifigkeit

H = Horizontalkraft

I = Trägheitsmoment

K = Knoten

S = Stab, Druckstäbe sind negativ

V = Vertikalkraft

δ = Verschiebung

ϕ = Verdrehung (rad), linksdrehend ist negativ

- Auflager-, Normal- und Querkräfte in kn, Längen in m
- bei Fachwerken gibt die in Klammern stehende Zahl die Reihenfolge der Berechnung an
- Berechnungen mit den Eigenlasten der Konstruktionen wurden, der Einfachheit halber, vernachlässigt
- Darstellungen dienen der Veranschaulichung und können von der Maßstäblichkeit abweichen
- die Gebrauchstauglichkeit kann eingeschränkt sein
- Werte können gerundet sein
- es sind einander entsprechende Einheiten zu verwenden

–   wird die Faserbezugslinie gedrückt, ist das Moment (M) negativ, M in knm

Beispiel eingespannter Träger (statisch bestimmt)

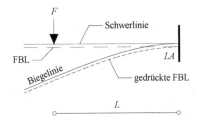

$$M_{(LA)} = -F{\cdot}L$$

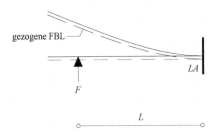

$$M_{(LA)} = F{\cdot}L$$

–   Querkräfte: Will man die Querkraft (Q) an einer beliebigen Stelle am System bestimmen, stellt man sich einen Schnitt an dieser vor. Kräfte, die links vom Schnitt nach oben und rechts vom Schnitt nach unten wirken, sind positiv.

Beispiel Träger auf zwei Stützen (statisch bestimmt)

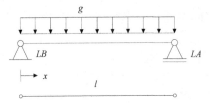

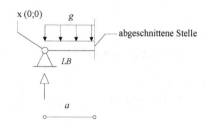

Größe der Querkraft
am Schnitt x = a
$$Q_{(x=a)} = LB - g \cdot a$$

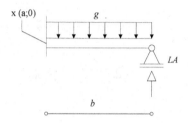

Größe der Querkraft
am Schnitt x = a
$$Q_{(x=a)} = -LA + g \cdot b$$

Beispiele von Lagerarten

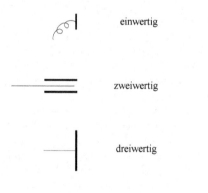

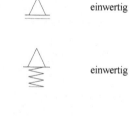

Federn

Wegfeder

$$\text{Federsteifigkeit} \rightarrow c_\text{F} = \frac{P}{\Delta_\text{S}}$$

$$\text{Federnachgiebigkeit} \rightarrow \varepsilon_\text{N} = \frac{\Delta_\text{S}}{P}$$

Drehfeder

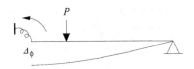

$$\text{Federsteifigkeit} \rightarrow c_\text{M} = \frac{M}{\Delta_\phi}$$

$$\text{Federnachgiebigkeit} \rightarrow \varepsilon_\text{D} = \frac{\Delta_\phi}{M}$$

1 Das Kraftgrößenverfahren

Das Kraftgrößenverfahren nach dem Prinzip der virtuellen Kräfte

Das Prinzip der virtuellen Kräfte dient zur Berechnung einer beliebigen Verschiebungsgröße an einem bestimmten Punkt eines Systems, wenn die Schnittgrößen N (Normalkraft), Q und M bekannt sind. Neben den Verformungen aus N, Q und M können auch Temperaturänderungen, eingeprägte Verdreh- und Verschiebungen sowie Federn berücksichtigt werden.

Benötigt wird ein virtueller Kraftzustand, dessen Schnittgrößen mit einem Querstrich versehen werden. Dieser Zustand entsteht aus der Einwirkung einer Lastgröße (in der Regel 1), die der gesuchten Verschiebungsgröße (v) zugeordnet ist. Die virtuellen Last- und Schnittgrößen müssen nur Gleichgewichtsbedingungen erfüllen.

1.1 Ermittlung von Schnittgrößen und Formänderungen an statisch bestimmten Systemen

Beispiel 1.1.1

gegeben:

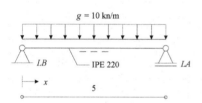

Träger auf zwei Stützen.

wirksamer Querschnitt (A_Q)

vereinfacht: $A_Q = (h - 2t)\cdot s = (22$ cm $- 2\cdot0,92$ cm)$\cdot0,59$ cm $= 11,9$ cm^2

$I = 2.770$ cm^4

$E = 210.000$ N/mm^2

$G = 81.000$ N/mm^2

gesucht:

Auflagerreaktionen, Querkraftverlauf, Momentenverlauf, Durchbiegung an der Stelle $\delta_{(x=2,5)}$ (Ort der Verschiebungsgröße)

Lösung:

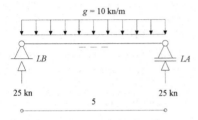

Auflagerreaktionen

$M_{(LB)} = 0 \rightarrow -10$ kn/m·5 m·2,5 m $+ LA·5$ m $= 0 \rightarrow LA = 25$ kn

$\sum V = 0 \rightarrow LB_{(V)} = 10$ kn/m·5 m $- 25$ kn $= 25$ kn

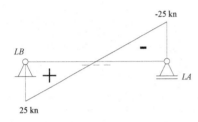

Querkraftverlauf

Schnitt rechts von LB (x = 0,00...1) und Betrachtung der Kräfte links davon. $Q_{(x=0)} = LB_{(V)}$ = 25 kn

Schnitt links von LA (x = 4,999...) und Betrachtung der Kräfte links davon. $Q_{(x=5)} = LB_{(V)} - g·5$ m = 25 kn $- 10$ kn/m·5 m $= -25$ kn

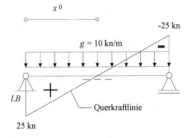

Nullstelle x^0

(Hier wirkt das maximale M)

$LB_{(V)} - g·x^0 = 0 \rightarrow 25$ kn $- 10$ kn/m·$x^0 = 0 \rightarrow x^0 = 2,5$ m

Funktion der Querkraftlinie $y = 10x - 25$

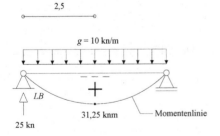

Momentenverlauf

$M_{(x=2,5)} = LB_{(V)}·x^0 - g·x^0·x^0/2 = 25$ kn·2,5 m $- 10$ kn/m·2,5 m·2,5 m/2 $= 31,25$ knm

Funktion der Momentenlinie $y = 5x^2 - 25x$

virtuelles System $\delta_{(x=2,5)}$

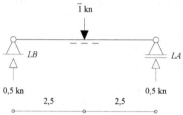

Auflagerreaktionen

$M_{(LB)} = 0 \rightarrow -1$ kn·2,5 m + LA·5 m = 0 $\rightarrow LA = 0,5$ kn

$\Sigma V = 0 \rightarrow LB_{(V)} = 1$ kn $- 0,5$ kn $= 0,5$ kn

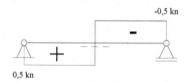

Querkraftverlauf

$Q_{(x=0)} = 0,5$ kn

$Q_{(x=2,5)} = 0,5$ kn $- 1$ kn $= -0,5$ kn

$y_{(0-2,5)} = -0,5$

$y_{(2,5-5)} = 0,5$

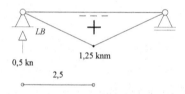

Momentenverlauf

$M_{(x=2,5)} = LB_{(V)}$·2,5 m $= 0,5$ kn·2,5 m $= 1,25$ knm

$y_{(0-2,5)} = -0,5x$

$y_{(2,5-5)} = 0,5x - 2,5$

$EI = 2,1 \cdot 108 \cdot 27,7 \cdot 10^{-6} = 5.817$ knm^2

$G \cdot A_Q = 8,1 \cdot 107 \cdot 11,9 \cdot 10^{-4} = 96.390$ kn

$$v = \sum \text{Formänderungsanteile} = \sum \int_0^l \overline{M} \frac{M}{EI} d_x + \sum \int_0^l \overline{Q} \frac{Q}{GA_Q} d_x$$

$$1\delta_{(x=2,5)} = \int_0^{2,5} -0,5x \frac{5x^2-25x}{EI} + \int_{2,5}^{5} (0,5x-2,5)\frac{5x^2-25x}{EI} + \int_0^{2,5} -0,5 \frac{10x-25}{GA_Q} + \int_{2,5}^{5} 0,5 \frac{10x-25}{GA_Q}$$

$$1\delta_{(x=2,5)} = 2\int_0^{2,5} -0,5x \frac{5x^2-25x}{EI} + 2\int_0^{2,5} -0,5 \frac{10x-25}{GA_Q}$$

$$1\delta_{(x=2,5)} = \frac{40,69}{EI} + \frac{40,69}{EI} \frac{15,62}{GA_Q} + \frac{15,62}{GA_Q} = \frac{81,38}{5.817} + \frac{31,24}{96.390}$$

$\delta_{(x=2,5)} = 0{,}01399$ m $+ 0{,}00032$ m $= 0{,}01431$ m $= 14{,}31$ mm

Formänderungsanteile mit geringem Einfluss, hier aus Q (0,32 mm), können vernachlässigt werden.

bei einem virtuellen System von $F = 5$ kn

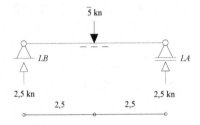

Auflagerreaktionen

$M_{(LB)} = 0 \rightarrow -5$ kn·2,5 m $+ LA·5$ m $= 0 \rightarrow LA = 2{,}5$ kn

$\Sigma V = 0 \rightarrow LB_{(V)} = 5$ kn $- 2{,}5$ kn $= 2{,}5$ kn

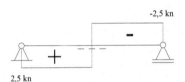

Querkraftverlauf

$Q_{(x=0)} = 2{,}5$ kn

$Q_{(x=2,5)} = 2{,}5$ kn $- 5$ kn $= -2{,}5$ kn

$y_{(0-2,5)} = -2{,}5$

$y_{(2,5-5)} = 2{,}5$

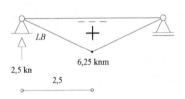

Momentenverlauf

$M_{(x=2,5)} = LB_{(V)}·2{,}5$ m $= 2{,}5$ kn·2,5 m $= 6{,}25$ knm

$y_{(0-2,5)} = -2{,}5x$

$y_{(2,5-5)} = 2{,}5x - 12{,}5$

$$v = \sum \text{Formänderungsanteile} = \sum \int_0^l \overline{M}\, \frac{M}{EI}\, d_x$$

$$5EI\delta_{(x=2,5)} = \int_0^{2,5} -2{,}5x \cdot (5x^2 - 25x) + \int_{2,5}^5 (2{,}5x - 12{,}5) \cdot (5x^2 - 25x) = 203{,}45 + 203{,}45$$

$$\delta_{(x=2,5)} = \frac{406{,}9}{5EI} = 13{,}99 \text{ mm}$$

Beispiel 1.1.2

gegeben:

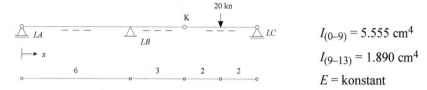

$I_{(0-9)} = 5.555 \text{ cm}^4$

$I_{(9-13)} = 1.890 \text{ cm}^4$

$E = \text{konstant}$

gesucht:

Auflagerreaktionen, Momentenverlauf, Verdrehung an der Stelle $\phi_{(K)}$

Lösung:

$$\frac{I_{(0-9)}}{I_{(9-13)}} = \frac{5.555}{1.890} = 2,94$$

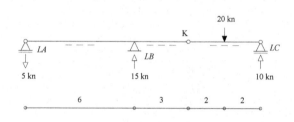

Auflagerreaktionen

$M_{(K)} = 0 \rightarrow LC \cdot 4 \text{ m} - 20 \text{ kn} \cdot 2 \text{ m} = 0 \rightarrow LC = 10 \text{ kn}$

$M_{(LA)} = 0 \rightarrow 10 \text{ kn} (LC) \cdot 13 \text{ m} - 20 \text{ kn} \cdot 11 \text{ m} + LB_{(V)} \cdot 6 \text{ m} = 0 \rightarrow LB_{(V)} = 15 \text{ kn}$

$\sum V = 0 \rightarrow LA = 20 \text{ kn} - 15 \text{ kn} - 10 \text{ kn} = -5 \text{ kn}$

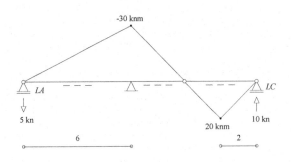

Momentenverlauf

$M_{(x=6)} = -LA\cdot6$ m $= -5$ kn$\cdot$6 m $= -30$ knm

$M_{(x=11)} = LC\cdot2$ m $= 10$ kn$\cdot$2 m $= 20$ knm

$y_{(0-6)} = 5x$

$y_{(6-11)} = -10x + 90$

$y_{(11-13)} = 10x - 130$

virtuelles System $\phi_{(K)}$

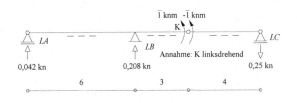

Auflagerreaktionen

$M_{(K/rechts)} = -1$ knm $\rightarrow -LC\cdot4$ m $= -1$ knm $\rightarrow LC = 0,25$ kn

$M_{(LA)} = 0 \rightarrow -0,25$ kn$\cdot$13 m $+ 2$ knm $+ LB_{(V)}\cdot6$ m $= 0$

$\rightarrow LB_{(V)} = 0,208$ kn

$\sum V = 0 \rightarrow LA = 0,25$ kn $- 0,208$ kn $= 0,042$ kn

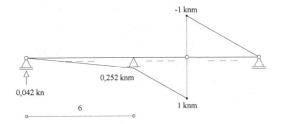

Momentenverlauf

$M_{(x=6)} = 0,042$ kn$\cdot$6 m $= 0,252$ knm

$y_{(0-6)} = -0,042x$

$y_{(6-9)} = -0,249x + 1,241$

$y_{(9-13)} = -0,25x + 3,25$

$$v = \sum \int_0^l \overline{M}\frac{M}{EI}d_x$$

$$EI\phi_{(K)} = \int_0^6 -0,042x\frac{5x}{2,94} + \int_6^9 (-0,249x+1,241)\frac{-10x+90}{2,94} + \int_9^{11}(-0,25x+3,25)\cdot(-10x+90)$$

$$+ \int_{11}^{13} (-0,25x + 3,25) \cdot (10x - 130)$$

$EI\phi_{(K)} = -32,83 \quad (- \rightarrow \text{K ist rechtsdrehend})$

$$\phi_{(K)} = \frac{32,83}{18,9 \cdot 10^{-6} \left[m^4\right] \cdot E \left[kn/m^2\right]} \left[rad\right]$$

$$\phi_{(K)} = \frac{32,83}{18,9 \cdot 10^{-6} E} \cdot \frac{180}{\pi} = \frac{1.881}{18,9 \cdot 10^{-6} E} \left[Grad\right]$$

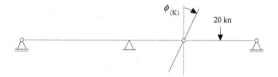

Beispiel 1.1.3

gegeben: wie Beispiel 1.1.2

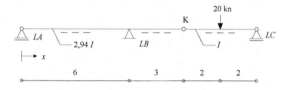

gesucht:

$\phi_{(K/rechts)}, \phi_{(K/links)}$

Lösung:

virtuelles System $\phi_{(K/rechts)}$

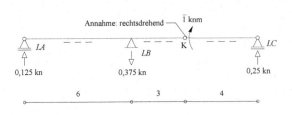

Auflagerreaktionen

$M_{(K/rechts)} = 1$ knm $\rightarrow LC\cdot 4$ m $= 1$ knm $\rightarrow LC = 0,25$ kn

$M_{(LA)} = 0 \rightarrow -LB_{(V)}\cdot 6$ m $+ 0,25$ kn$\cdot 13$ m $- 1$ knm $= 0$

$\rightarrow LB_{(V)} = 0,375$ kn

$\sum V = 0 \rightarrow LA = -0,25$ kn $+ 0,375$ kn $= 0,125$ kn

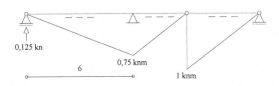

Momentenverlauf

$M_{(x=6)} = 0,125$ kn$\cdot 6$ m $= 0,75$ knm

$y_{(0-6)} = -0,125x$

$y_{(6-9)} = 0,25x - 2,25$

$y_{(9-13)} = 0,25x - 3,25$

$$v = \sum \int_0^l \overline{M} \frac{M}{EI} d_x$$

$$EI\phi_{(K/rechts)} = \int_0^6 -0,125x\frac{5x}{2,94} + \int_6^9 (0,25x-2,25)\frac{-10x+90}{2,94} + \int_9^{11} (0,25x-3,25)\cdot(-10x+90)$$

$$+ \int_{11}^{13} (0,25x-3,25)\cdot(10x-130) = -15,31 - 7,65 + 13,33 + 6,67 = -2,96 \quad \text{(linksdrehend)}$$

$$\phi_{(K/rechts)} = \frac{-2,96}{18,9\cdot 10^{-6} \,[m^4]\cdot E \,[\text{kn/m}^2]} \,[\text{rad}]$$

$$\phi_{(K/rechts)} = \frac{-2,96}{18,9\cdot 10^{-6} E}\cdot\frac{180}{\pi} = \frac{-169}{18,9\cdot 10^{-6} E} \,[\text{Grad}]$$

virtuelles System $\phi_{(K/links)}$

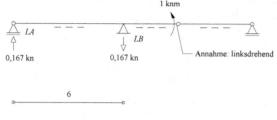

Auflagerreaktionen

$M_{(LA)} = 0 \rightarrow - LB_{(V)} \cdot 6$ m $+ 1$ knm $= 0 \rightarrow LB_{(V)} = 0,167$ kn

$\sum V = 0 \rightarrow LA = 0,167$ kn

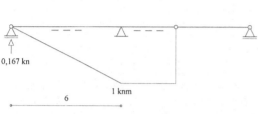

Momentenverlauf

$M_{(x=6)} = 0,167$ kn$\cdot 6$ m $= 1$ knm

$y_{(0-6)} = -x/6$

$y_{(6-9)} = -1$

$$EI\phi_{(K/links)} = \int_0^6 \frac{-x}{6} \cdot \frac{5x}{2,94} + \int_6^9 -1\frac{-10x+90}{2,94} = -20,41 - 15,31 = -35,72 \quad (\text{rechtsdrehend})$$

$$\phi_{(K/links)} = \frac{35,72}{18,9 \cdot 10^{-6} E} [\text{rad}]$$

$$\phi_{(K/links)} = \frac{2.046}{18,9 \cdot 10^{-6} E} [\text{Grad}]$$

Beispiel 1.1.4

gegeben:

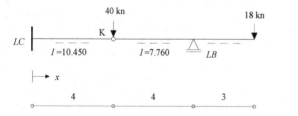

I in cm^4

E = konstant

gesucht:

Auflagerreaktionen, Momentenverlauf, Durchbiegung an der Stelle $\delta_{(x=11)}$, $\phi_{(K)}$

Lösung:

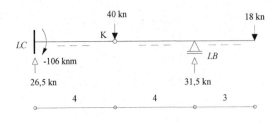

Auflagerreaktionen

$M_{(K)} = 0 \rightarrow LB \cdot 4\text{ m} - 18\text{ kn} \cdot 7\text{ m} = 0 \rightarrow LB = 31{,}5\text{ kn}$

$\sum V = 0 \rightarrow LC_{(V)} = 40\text{ kn} + 18\text{ kn} - 31{,}5\text{ kn} = 26{,}5\text{ kn}$

$M_{(LC)} = -18\text{ kn} \cdot 11\text{ m} + 31{,}5\text{ kn} \cdot 8\text{ m} - 40\text{ kn} \cdot 4\text{ m} = -106\text{ knm}$

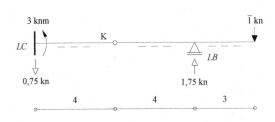

Momentenverlauf

$M_{(x=8)} = -18\text{ kn} \cdot 3\text{ m} = -54\text{ knm}$

$y_{(0-4)} = -26{,}5x + 106$

$y_{(4-8)} = 13{,}5x - 54$

$y_{(8-11)} = -18x + 198$

virtuelles System $\delta_{(x=11)}$

Auflagerreaktionen

$M_{(K)} = 0 \rightarrow -1\text{ kn} \cdot 7\text{ m} + LB \cdot 4\text{ m} = 0 \rightarrow LB = 1{,}75\text{ kn}$

$\sum V = 0 \rightarrow LC_{(V)} = 1\text{ kn} - 1{,}75\text{ kn} = -0{,}75\text{ kn}$

$M_{(LC)} = -1\text{ kn} \cdot 11\text{ m} + 1{,}75\text{ kn} \cdot 8\text{ m} = 3\text{ knm}$

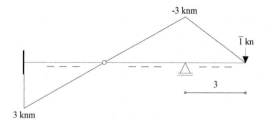

Momentenverlauf

$M_{(x=8)} = -1\ kn \cdot 3\ m = -3\ knm$

$y_{(0-8)} = 0{,}75x - 3$

$y_{(8-11)} = -x + 11$

$$EI\delta_{(x=11)} = \int_0^4 (0{,}75x-3)\frac{-26{,}5x+106}{\dfrac{10.450}{7.760}} + \int_4^8 (0{,}75x-3)\cdot(13{,}5x-54)$$

$$+ \int_8^{11} (-x+11)\cdot(-18x+198) = 63{,}14$$

$$\delta_{(x=11)} = \frac{63{,}14}{7{,}76\cdot10^{-5}\,E}$$

virtuelles System $\phi_{(K)}$

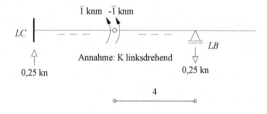

Auflagerreaktionen

$M_{(K/rechts)} = -1\ knm \ \rightarrow\ -LB\cdot4\ m$

$= -1\ knm \ \rightarrow\ LB = 0{,}25\ kn$

$\sum V = 0 \ \rightarrow\ LC_{(V)} = 0{,}25\ kn$

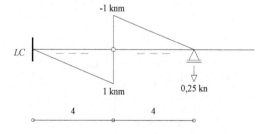

Momentenverlauf

$M_{(LC)} = -0{,}25\ kn\cdot8\ m + 2\ knm = 0$

$y_{(0-4)} = -0{,}25x$

$y_{(4-8)} = -0{,}25x + 2$

$$EI\phi_{(K)} = \int_0^4 -0,25x \frac{\dfrac{-26,5x+106}{10.450}}{7.760} + \int_4^8 (-0,25x+2)\cdot(13,5x-54) = -16,48 \rightarrow \text{rechtsdrehend}$$

$$\phi_{(K)} = \frac{16,48}{7,76\cdot10^{-5}\,E}$$

Beispiel 1.1.5

gegeben:

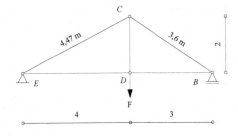

b/h in cm

$S_{(D-E)} = S_{(C-E)} = S_{(B-C)} = S_{(B-D)}$
$= 14/16$

$S_{(C-D)} = 12/12$

E = konstant

gesucht:

F, für die Vertikalverschiebung $\delta_{(D)} = 4$ mm

Lösung:

$A_{(14/16)} = 224$ cm^2

$A_{(12/12)} = 144$ cm^2

$\dfrac{224}{144} = 1,56$

Annahme: $F = 1$ kn

$M_{(E)} = 0 \rightarrow -1$ kn·4 m + B·7 m =
$0 \rightarrow B = 0,571$ kn

$\sum V = 0 \rightarrow E_{(V)} = 1$ kn $- 0,571$ kn
$= 0,429$ kn

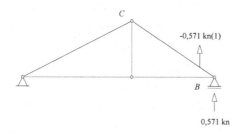

Erkennbar ist, dass die Kraft aus B nur in $S_{(B–C)}$ eingeleitet werden kann und dieser ein Druckstab sein muss.

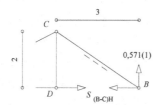

Virtueller Schnitt durch $S_{(B–D)}$. Da $S_{(B–C)}$ kein Moment am Knoten C übertragen kann, ist dieser mit einem Träger auf 2 Stützen vergleichbar. Um die H-Kraft ($S_{(B–C)H}$), die das Gleichgewicht des $S_{(B–C)}$ wiederherstellt, zu ermitteln, wird (z.B.) die Momentengleichung ($\Sigma M_{(C)} = 0$) angewendet. $M_{(C)} = 0$ → 0,571 kn·3 m $- S_{(B–C)H}$·2 m = 0 → $S_{(B–C)H}$ = 0,857 kn $\quad S_{(B–C)}$ = $\sqrt{0,571^2 + 0,857^2}$ = 1,03 kn → – (Druckstab)

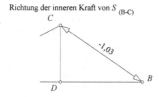

Trägt man die Richtung der inneren Kraft (die Größe der inneren Kraft = die Größe der äußeren Kraft) am Stab an, erkennt man leicht, ob eine Druck- oder Zugkraft auf den angeschlossenen Stab wirkt. Hier ist sofort erkennbar, dass $S_{(B–D)}$ ein Zugstab sein muss, da am Knoten B keine weiteren Kräfte wirken.

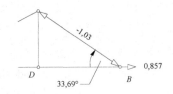

$S_{(B-D)} = \cos(33{,}69°)\cdot 1{,}03 = 0{,}857$ kn

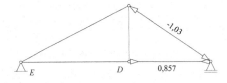

$S_{(D-E)} = 0{,}857$ kn

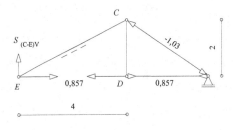

virtueller Schnitt durch $S_{(D-E)}$

$M_{(C)} = 0 \rightarrow -0{,}857$ kn·2 m + $S_{(C-E)V}$·4 m = 0

$\rightarrow S_{(C-E)V} = 0{,}429$ kn (Druckstab)

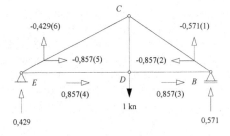

zusammengefasst:

$S_{(D-E)} = S_{(B-D)} = 0{,}857$

$S_{(B-C)} = -1{,}03$

$S_{(C-E)} = -0{,}96$

$S_{(C-D)} = 1$

virtuelles System $\delta_{(D)}$

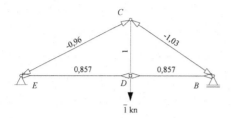

$$v = \sum \int_0^l \overline{N}\,\frac{N}{EA}\,d_x$$

$$\delta_{(D)} = \frac{0{,}857 \cdot 0{,}857 \cdot 4 + 0{,}857 \cdot 0{,}857 \cdot 3 + 1{,}03 \cdot 1{,}03 \cdot 3{,}6 + 0{,}96 \cdot 0{,}96 \cdot 4{,}47}{\dfrac{224EA}{144}} + \frac{1 \cdot 1 \cdot 2}{EA} = \frac{10{,}41}{EA}$$

Bei $F = 1$ kn ist die Durchsenkung $\delta_{(D)} = \dfrac{10{,}41}{0{,}0144E} \to F_{\text{zul.}} = \dfrac{0{,}004 \cdot 0{,}0144E}{10{,}41}$

Beispiel 1.1.6

gegeben:

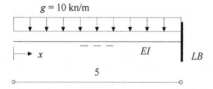

Kragträger

gesucht:

Verschiebungsgröße $\delta_{(x=0)}$

Lösung:

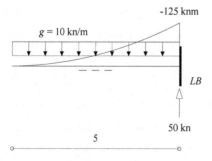

$LB_{(V)} = 10$ kn/m·5 m = 50 kn

$M_{(LB)} = -10$ kn/m·5 m·2,5 m = -125 knm

$y_{(0-5)} = 5x^2$

virtuelles System $\delta_{(x=0)}$

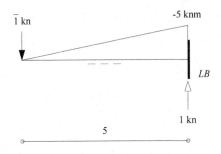

$LB_{(V)} = 1 \text{ kn}$

$M_{(LB)} = -1 \text{ kn} \cdot 5 \text{ m} = -5 \text{ knm}$

$y_{(0-5)} = x$

$$\delta_{(x=0)} = \int_0^5 x \frac{5x^2}{EI} = \frac{781,25}{EI}$$

Beispiel 1.1.7

gegeben:

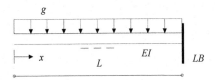

gesucht:

Verschiebungsgröße $\delta_{(x=0)}$

Lösung:

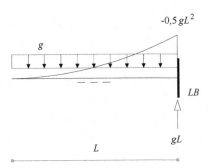

$LB_{(V)} = g \cdot L$

$$M_{(LB)} = \frac{-g \cdot L^2}{2} = -0,5gL^2$$

$$P_1(0;0) \rightarrow 0 = A \cdot 0^2 + B \cdot 0 + C$$

$$y = Ax^2 + Bx + C$$

$$P_2\left(\frac{L}{2}; \frac{gL^2}{8}\right) \rightarrow \frac{gL^2}{8} = \frac{AL^2}{4} + \frac{BL}{2} + C$$

$$P_3\left(L; \frac{gL^2}{2}\right) \rightarrow \frac{gL^2}{2} = AL^2 + BL + C$$

A	B	C	b
0	0	1	0
$\dfrac{L^2}{4}$	$\dfrac{L}{2}$	1	$\dfrac{gL^2}{8}$
L^2	L	1	$\dfrac{gL^2}{2}$
$\dfrac{g}{2}$	0	0	

$$y_{(0-L)} = \frac{gx^2}{2}$$

virtuelles System $\delta_{(x=0)}$ siehe Beispiel 1.1.6

$$\delta_{(x=0)} = \int_0^L x \cdot \frac{gx^2}{2EI} = \frac{gL^4}{8EI}$$

Beispiel 1.1.8

gegeben:

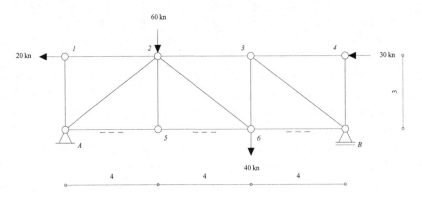

EA = konstant

gesucht:

Größe der Verdrehung $S_{(A-2)}$

Lösung:

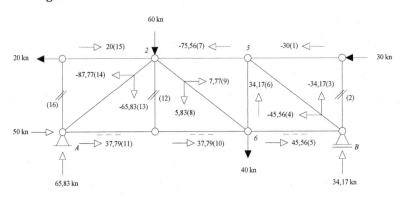

$M_{(A)} = 0 \rightarrow B \cdot 12 + (20 + 30) \cdot 3 - 60 \cdot 4 - 40 \cdot 8 = 0 \rightarrow B = 34,17$ kn

$\sum V = 0 \rightarrow A_{(V)} = 60 + 40 - 34,17 = 65,83$ kn

$\sum H = 0 \rightarrow A_{(H)} = 20 + 30 = 50$ kn

$S_{(A-2)} = -109,71$ kn

$S_{(2-6)} = 9,71$ kn

$S_{(B-3)} = -56,95$ kn

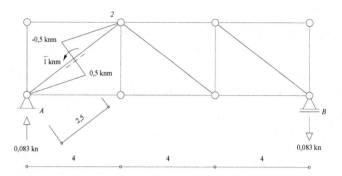

Annahme: $S_{(A-2)}$ ist linksdrehend

Auflagerreaktionen

$M_{(A)} = 0 \rightarrow -B \cdot 12 + 1 = 0 \rightarrow B = 0{,}083$ kn

$A_{(V)} = 0{,}083$ kn

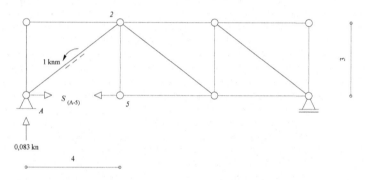

virtuelle Schnittstelle $S_{(A-5)}$

Annahme: $S_{(A-5)}$ ist ein Zugstab

$M_{(2)} = 0 \rightarrow 0{,}083 \cdot 4 - 1$ knm $- S_{(A-5)} \cdot 3 = 0 \rightarrow S_{(A-5)} = -0{,}22$ kn $\rightarrow S_{(A-5)}$ ist ein Druckstab

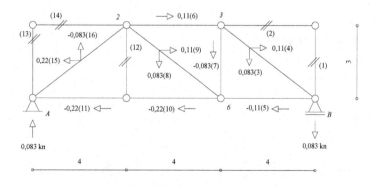

$S_{(2-6)} = S_{(B-3)} = 0,138$ kn

$S_{(A-2)} = \cos(36,87°)·0,22(15) - \cos(53,13°)·0,083(16) = 0,13$ kn (Zugstab)

$\phi_{(A-2)} = (0,11·-75,56·4 - 0,11·45,56·4 - 0,22·37,79·4·2 + 0,13·-109,71·5 + 0,138·9,71·5 - 0,083·34,17·3 + 0,138·-56,95·5)/(EA) = -232,2/(EA)$ (rechtsdrehend)

Größe der Verdrehung $S_{(A-2)} = 232,2/(EA)$ [rad]

Beispiel 1.1.9

gegeben:

wie Beispiel 1.1.8

gesucht:

Größe der Verdrehung $S_{(2-6)}$

Lösung:

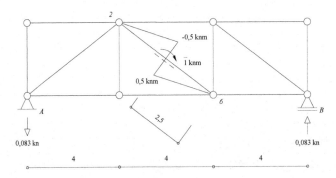

Annahme: $S_{(2-6)}$ ist rechtsdrehend

Auflagerreaktionen

$M_{(A)} = 0 \rightarrow B·12 - 1 = 0 \rightarrow B = 0,083$ kn

$A_{(V)} = 0,083$ kn

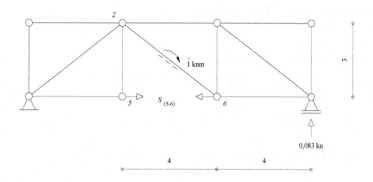

virtuelle Schnittstelle $S_{(5-6)}$

Annahme: $S_{(5-6)}$ ist ein Zugstab

$M_{(2)} = 0 \rightarrow 0{,}083 \cdot 8 - 1\text{ knm} - S_{(5-6)} \cdot 3 = 0 \rightarrow S_{(5-6)} = -0{,}11\text{ kn} \rightarrow S_{(5-6)}$ ist ein Druckstab

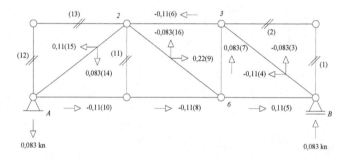

$S_{(A-2)} = 0{,}138\text{ kn}$

$S_{(B-3)} = -0{,}138\text{ kn}$

$S_{(2-6)} = \cos(36{,}87°) \cdot 0{,}22(9) - \cos(53{,}13°) \cdot 0{,}083(16) = 0{,}13\text{ kn}$

$\phi_{(A-2)} = (-0{,}11 \cdot -75{,}56 \cdot 4 + 0{,}11 \cdot 45{,}56 \cdot 4 - 0{,}11 \cdot 37{,}79 \cdot 4 \cdot 2 + 0{,}138 \cdot -109{,}71 \cdot 5 + 0{,}13 \cdot 9{,}71 \cdot 5 + 0{,}083 \cdot 34{,}17 \cdot 3 - 0{,}138 \cdot -56{,}95 \cdot 5)/(EA) = -1{,}55/(EA)$ [linksdrehend]

1.2 Ermittlung von Schnittgrößen und Formänderungen an statisch unbestimmten Systemen

Lösen statisch unbestimmter Systeme

Bei einem statisch unbestimmten System schaltet man die Unbekannte(n) aus, bis ein brauchbares statisch bestimmtes System (Lastfall $x_0 = 0$) entstanden ist.

Ein statisch bestimmtes System ist vorhanden, wenn die Anzahl der Lagerreaktionen dem der Freiheitsgrade entspricht.

Dies kann beispielsweise durch Entfernen von Lagern oder Stäben oder durch Einfügen von Gelenken erreicht werden.

Die ausgeschaltete Unbekannte wird durch die virtuelle Größe (Lastfall $x_{i+1} = 1$) ersetzt.

Beispiel 1.2.1

gegeben:

3–fach statisch unbestimmtes System

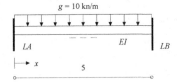

gesucht:

Auflagerreaktionen, Querkraftverlauf, Momentenverlauf, $\delta_{(x=2,5)}$

Lösung:

Schaltet man ein Lager aus, entsteht ein brauchbares statisch bestimmtes System ($x_0 = 0$).

LA kann eine Querkraft, ein Moment und eine Normalkraft aufnehmen. Die Unbekannten werden durch die Lastgröße 1 ersetzt.

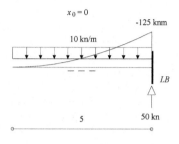

Auflagerreaktionen und Momentenverlauf

$\sum V = 0 \rightarrow LB_{(V)} = 10 \text{ kn/m} \cdot 5 \text{ m} = 50 \text{ kn}$

$M_{(LB)} = -10 \text{ kn/m} \cdot 5 \text{ m} \cdot 2{,}5 \text{ m} = -125 \text{ knm}$

$y_{(0-5)} = 5x^2$

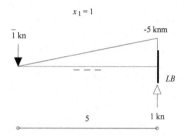

Auflagerreaktionen und Momentenverlauf

$\sum V = 0 \rightarrow LB_{(V)} = 1 \text{ kn}$

$M_{(LB)} = -1 \text{ kn} \cdot 5 \text{ m} = -5 \text{ knm}$

$y_{(0-5)} = x$

$M_{(LB)} = 1 \text{ knm}$

$y_{(0-5)} = -1$

$y_{(0-5)} = 0$

$$\delta_{11} \cdot x_1 + \delta_{12} \cdot x_2 + \delta_{13} \cdot x_3 + \delta_{10} = 0$$
$$\phi_{21} \cdot x_1 + \phi_{22} \cdot x_2 + \phi_{23} \cdot x_3 + \phi_{20} = 0$$
$$\delta_{31} \cdot x_1 + \delta_{32} \cdot x_2 + \delta_{33} \cdot x_3 + \delta_{30} = 0$$

δ_{ii} ist die Verschiebungsgröße eines Lastfalls. Der Zahlenindex gibt den Ort und die Ursache der Verschiebungsgröße an.

Beispiel δ_{10}

Lastfall x_1 = Ort der Verschiebungsgröße

Lastfall x_0 = Ursache der Verschiebungsgröße

$$\delta_{11} = \int_0^5 x\,\frac{x}{EI} = \frac{41{,}67}{EI} \qquad\qquad \delta_{12} = \phi_{21} = \int_0^5 x\,\frac{-1}{EI} = \frac{-12{,}5}{EI}$$

$$\delta_{10} = \int_0^5 x\,\frac{5x^2}{EI} = \frac{781{,}25}{EI} \qquad\qquad \phi_{22} = \int_0^5 -1\,\frac{-1}{EI} = \frac{5}{EI}$$

$$\phi_{20} = \int_0^5 -1\,\frac{5x^2}{EI} = \frac{-208{,}33}{EI} \qquad\qquad \delta_{13} = \phi_{23} = \delta_{31} = \delta_{32} = \delta_{33} = \delta_{30} = 0$$

x_1	x_2	b
41,67	$-12{,}5$	$-781{,}25$
$-12{,}5$	5	208,33
-25	$-20{,}82$	

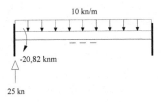

10 kn/m

-20,82 knm

25 kn

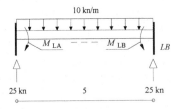

10 kn/m

M_{LA} — — — M_{LB} LB

25 kn   5   25 kn

$\sum V = 0 \rightarrow LB_{(V)} = 10$ kn/m·5 m − 25 kn = 25 kn

$M_{(LB)} = 25$ kn·5 m − 10 kn/m·5 m·2,5 m − 20,82 knm = −20,82 knm

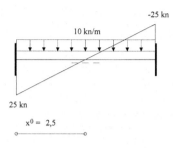

Querkraftverlauf

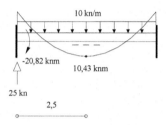

Momentenverlauf

$M_{(x=2,5)} = 25$ kn·2,5 m $- 20,82$ knm $- 10$ kn/m·2,5 m·1,25 m $= 10,43$ knm

$y_{(0-5)} = 5x^2 - 25x + 20,82$

virtuelles System $\delta_{(x=2,5)}$

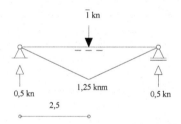

$M_{(x=2,5)} = 0,5$ kn·2,5 m $= 1,25$ knm

$y_{(0-2,5)} = -0,5x$

$y_{(2,5-5)} = 0,5x - 2,5$

$$EI\delta_{(x=2,5)} = \int_{0}^{2,5} -0,5x \cdot (5x^2 - 25x + 20,82) + \int_{2,5}^{5} (0,5x - 2,5) \cdot (5x^2 - 25x + 20,82)$$

$$= 16,32 \rightarrow \delta_{(x=2,5)} = \frac{16,32}{EI}$$

Beispiel 1.2.2

gegeben:

2–fach statisch unbestimmtes System

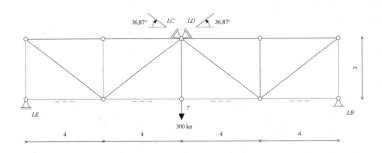

EA = konstant

gesucht:

Auflagerreaktionen

Lösung:

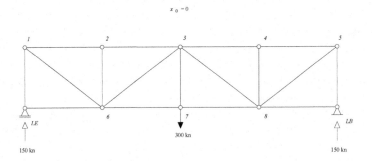

Auflagerreaktionen

$$LE = LB_{(V)} = \frac{300\ kn}{2} = 150\ kn$$

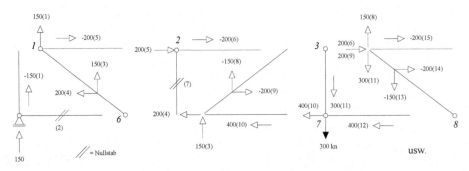

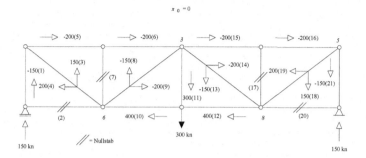

Auflagerreaktionen und Normalkräfte

$S_{(1-6)} = S_{(5-8)} = 250$ kn

$S_{(3-6)} = S_{(3-8)} = -250$ kn

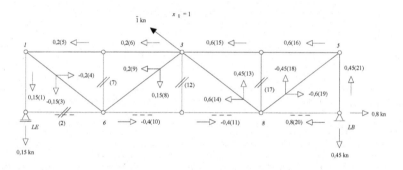

Auflagerreaktionen und Normalkräfte

$M_{(LB)} = 0$ → $\sin(36{,}87°){\cdot}1$ kn${\cdot}8$ m $- \cos(36{,}87°){\cdot}1$ kn${\cdot}3$ m $- LE{\cdot}16$ m $= 0$ → $LE = 0{,}15$ kn

$\sum V = 0$ → $-\sin(36{,}87°){\cdot}1$ kn $+ 0{,}15$ kn $+ LB_{(V)} = 0$ → $LB_{(V)} = 0{,}45$ kn

$\sum H = 0$ → $\cos(36{,}87°){\cdot}1$ kn $- LB_{(H)} = 0$ → $LB_{(H)} = 0{,}8$ kn

$S_{(1-6)} = -0{,}25$ kn

$S_{(3-6)} = 0{,}25$ kn

$S_{(3-8)} = 0{,}75$ kn

$S_{(5-8)} = -0{,}75$ kn

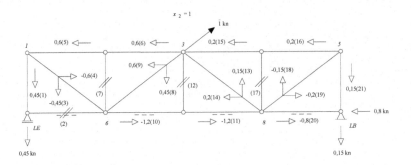

Auflagerreaktionen und Normalkräfte

$M_{(LB)} = 0 \rightarrow \sin(36{,}87°)\cdot 1 \text{ kn}\cdot 8 \text{ m} + \cos(36{,}87°)\cdot 1 \text{ kn}\cdot 3 \text{ m} - LE\cdot 16 \text{ m} = 0 \rightarrow LE = 0{,}45 \text{ kn}$

$\sum V = 0 \rightarrow -\sin(36{,}87°)\cdot 1 \text{ kn} + 0{,}45 \text{ kn} + LB_{(V)} = 0 \rightarrow LB_{(V)} = 0{,}15 \text{ kn}$

$\sum H = 0 \rightarrow \cos(36{,}87°)\cdot -1 \text{ kn} + LB_{(H)} = 0 \rightarrow LB_{(H)} = 0{,}8 \text{ kn}$

$S_{(1-6)} = -0{,}75 \text{ kn}$

$S_{(3-6)} = 0{,}75 \text{ kn}$

$S_{(3-8)} = 0{,}25 \text{ kn}$

$S_{(5-8)} = -0{,}25 \text{ kn}$

$$\delta_{11}\cdot x_1 + \delta_{12}\cdot x_2 + \delta_{10} = 0$$
$$\delta_{21}\cdot x_1 + \delta_{22}\cdot x_2 + \delta_{20} = 0$$

$EA\delta_{11} = 0{,}22\cdot 4\cdot 2 + 0{,}62\cdot 4\cdot 2 + 0{,}452\cdot 3 + 0{,}82\cdot 4 + 0{,}42\cdot 4\cdot 2 + 0{,}152\cdot 3 + 0{,}252\cdot 5\cdot 2 + 0{,}752\cdot 5\cdot 2 = 13{,}97$

$EA\delta_{12} = EA\delta_{21} = 0{,}2\cdot 0{,}6\cdot 4\cdot 4 + 0{,}45\cdot 0{,}15\cdot 3 - 0{,}8\cdot 0{,}8\cdot 4 + 0{,}4\cdot 1{,}2\cdot 4\cdot 2 + 0{,}15\cdot 0{,}45\cdot 3 + 0{,}25\cdot 0{,}75\cdot 5\cdot 4 = 7{,}36$

$EA\delta_{10} = -0{,}2\cdot 200\cdot 4\cdot 2 - 0{,}6\cdot 200\cdot 4\cdot 2 - 0{,}45\cdot 150\cdot 3 - 0{,}4\cdot 400\cdot 4\cdot 2 - 0{,}15\cdot 150\cdot 3 - 0{,}25\cdot 250\cdot 5\cdot 2 - 0{,}75\cdot 250\cdot 5\cdot 2 = -5.330$

$EA\delta_{22} = 0{,}62\cdot 4\cdot 2 + 0{,}22\cdot 4\cdot 2 + 0{,}152\cdot 3 + 0{,}82\cdot 4 + 1{,}22\cdot 4\cdot 2 + 0{,}452\cdot 3 + 0{,}752\cdot 5\cdot 2 + 0{,}252\cdot 5\cdot 2 = 24{,}21$

$EA\delta_{20} = -0{,}6\cdot 200\cdot 4\cdot 2 - 0{,}2\cdot 200\cdot 4\cdot 2 - 0{,}15\cdot 150\cdot 3 - 1{,}2\cdot 400\cdot 4\cdot 2 - 0{,}45\cdot 150\cdot 3 - 0{,}75\cdot 250\cdot 5\cdot 2 - 0{,}25\cdot 250\cdot 5\cdot 2 = -7.890$

x_1	x_2	b
13,97	7,36	5.330
7,36	24,21	7.890
250	250	

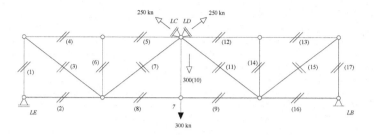

$$LC_{(V)} + LD_{(V)} = \sin(36{,}87°)\cdot250 \text{ kn}\cdot2 = 300 \text{ kn}$$

$$LE = LB_{(V)} = LB_{(H)} = 0$$

Spätere Umbaumaßnahmen erfordern es, *LC* und *LD* zu entfernen. Wie groß muss *A* min sein, damit $\delta_{(K,7)} \leq 2{,}24$ cm ist?

Lösung:

Durch das Entfernen von *LC* und *LD* entstehen die Normalkräfte aus Lastfall $x_0 = 0$

$$v = \sum \int_0^l \overline{N} \frac{N}{EA} d_x$$

$$300EA\delta_{(K,7)} = 200^2\cdot4\cdot4 + 150^2\cdot3\cdot2 + 400^2\cdot4\cdot2 + 250^2\cdot5\cdot4 + 300^2\cdot3 = 3.575.000$$

$$\delta_{(K,7)} = \frac{3.575.000}{300EA} \rightarrow 0{,}0224 = \frac{3.575.000}{300EA} \rightarrow A \geq \frac{532.000}{E}$$

Beispiel 1.2.3

gegeben:

2–fach statisch unbestimmtes System

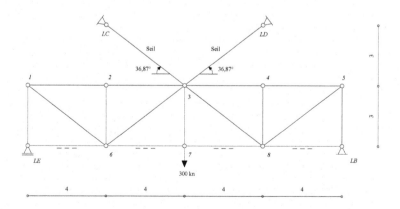

$E_F \cdot A_F = 659.400$ kn (F = Fachwerkstab)

$E_S \cdot A_S = 27.930$ kn (S = Seil)

gesucht:

Auflagerreaktionen, Normalkräfte, $\delta_{(K,7)}$

Lösung:

$$\frac{E_F \cdot A_F}{E_S \cdot A_S} = 23,61$$

Ausgeschaltet wird LC und LD

$x_0 = 0$ bis $x_2 = 1$ siehe Beispiel 1.2.2

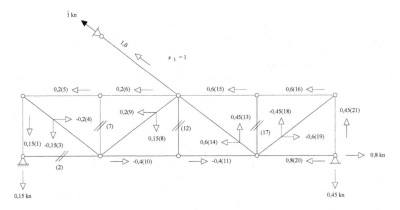

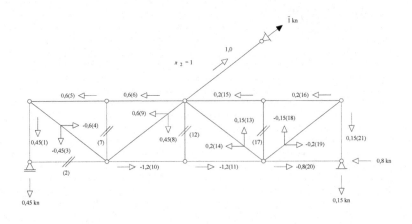

$$EA\delta_{11} = \frac{13{,}97}{23{,}61} + 1^2 \cdot 5 = 5{,}59 \qquad\qquad EA\delta_{12} = EA\delta_{21} = \frac{7{,}36}{23{,}61} = 0{,}31$$

$$EA\delta_{10} = \frac{-5.330}{23{,}61} = -225{,}75 \qquad\qquad EA\delta_{22} = \frac{24{,}21}{23{,}61} + 1^2 \cdot 5 = 6{,}02$$

$$EA\delta_{20} = \frac{-7.890}{23{,}61} = -334{,}20$$

x_1	x_2	b
5,59	0,31	225,75
0,31	6,02	334,20
37,41	53,6	

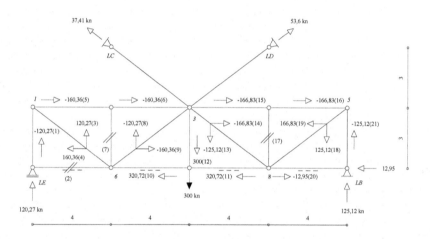

Auflagerreaktionen und Normalkräfte

$M_{(LB)} = 0$

$LE \cdot 16$ m $- 300$ kn$\cdot 8$ m $- 37{,}41$ kn$\cdot\cos(36{,}87°)\cdot 3$ m $+ 37{,}41$ kn$\cdot\sin(36{,}87°)\cdot 8$ m $+ 53{,}6\cdot\sin(36{,}87°)\cdot 8$ m $+ 53{,}6\cdot\cos(36{,}87°)\cdot 3$ m $= 0 \rightarrow LE = 120{,}27$ kn

$LB_{(V)} = -120{,}27$ kn $+ 300$ kn $- (37{,}41$ kn $+ 53{,}6$ kn$)\cdot\sin(36{,}87°) = 125{,}12$ kn

$LB_{(H)} = (-37{,}41$ kn $+ 53{,}6$ kn$)\cdot\cos(36{,}87°) = 12{,}95$ kn

$S_{(1-6)} = 200{,}45$ kn $\qquad\qquad S_{(3-6)} = -200{,}45$ kn

$S_{(3-8)} = -208{,}54$ kn $\qquad\qquad S_{(5-8)} = 208{,}54$ kn

$S_{(LC-3)} = 37{,}41$ kn $\qquad\qquad S_{(LD-3)} = 53{,}6$ kn

$\delta_{(K,7)}$ (siehe Beispiel 1.2.2 $x_0 = 0$)

$300 EA \delta_{(K,7)}$ = $(200 \cdot 160,36 \cdot 4 \cdot 2 \ + \ 200 \cdot 166,83 \cdot 4 \cdot 2 \ + \ 150 \cdot 125,12 \cdot 3 \ + \ 400 \cdot 320,72 \cdot 4 \cdot 2 \ + \ 150 \cdot 120,7 \cdot 3 + 200,45 \cdot 250 \cdot 5 \cdot 2 + 3002 \cdot 3 + 208,54 \cdot 250 \cdot 5 \cdot 2)/23,61 = 125.070$

$\delta_{(K,7)} = 125.070/(300 \cdot 27.930) = 0,0149$ m = 14,9 mm

Beispiel 1.2.4

gegeben:

wie Beispiel 1.2.3

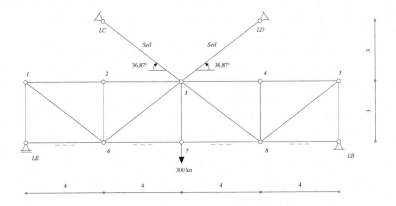

gesucht:

Auflagerreaktionen

Lösung:

ausgeschaltet wird LB

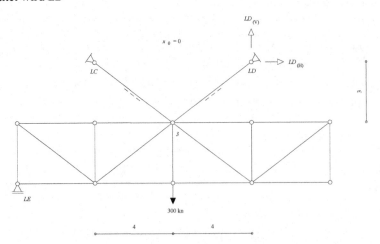

Auflagerreaktionen

$LE = 0$

$M_{(LC)} = 0 \rightarrow -300 \text{ kn} \cdot 4 \text{ m} + LD_{(H)} \cdot 0 \text{ m} + LD_{(V)} \cdot 8 \text{ m} = 0 \rightarrow LD_{(V)} = 150 \text{ kn}$

$M_{(3)} = 0 \rightarrow 150 \text{ kn} \cdot 4 \text{ m} - LD_{(H)} \cdot 3 \text{ m} = 0 \rightarrow LD_{(H)} = 200 \text{ kn}$

$LD = \sqrt{150^2 + 200^2} = 250 \text{ kn}$

$\sum V = \sum H = 0 \rightarrow LC = 250 \text{ kn}$

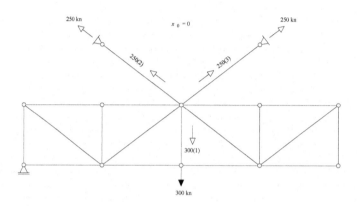

Normalkraftverlauf

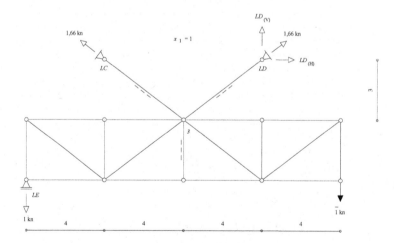

Auflagerreaktionen

$M_{(3)} = 0 \rightarrow LE \cdot 8 \text{ m} - 1 \text{ kn} \cdot 8 \text{ m} = 0 \rightarrow LE = 1 \text{ kn}$

$M_{(LC)} = 0 \rightarrow -1 \text{ kn} \cdot 12 \text{ m} + 1 \text{ kn} \cdot 4 \text{ m} + LD_{(V)} \cdot 8 \text{ m} = 0 \rightarrow LD_{(V)} = 1 \text{ kn}$

$M_{(3)} = 0 \rightarrow 1 \text{ kn} \cdot 4 \text{ m} - LD_{(H)} \cdot 3 \text{ m} = 0 \rightarrow LD_{(H)} = 1{,}33 \text{ kn}$

$$LD = \sqrt{1^2 + 1,33^2} = 1,66 \text{ kn}$$

$$LC = 1,66 \text{ kn}$$

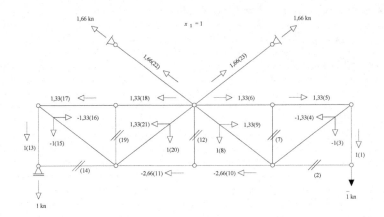

Normalkraftverlauf

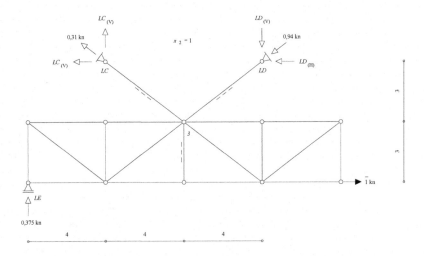

Auflagerreaktionen

$M_{(3)} = 0 \rightarrow -LE\cdot 8 \text{ m} + 1 \text{ kn}\cdot 3 \text{ m} = 0 \rightarrow LE = 0,375 \text{ kn}$

$M_{(LC)} = 0 \rightarrow -0,375 \text{ kn}\cdot 4 \text{ m} + 1 \text{ kn}\cdot 6 \text{ m} - LD_{(V)}\cdot 8 \text{ m} = 0 \rightarrow LD_{(V)} = 0,56 \text{ kn}$

$M_{(3)} = 0 \rightarrow -0,56 \text{ kn}\cdot 4 \text{ m} + LD_{(H)}\cdot 3 \text{ m} = 0 \rightarrow LD_{(H)} = 0,75 \text{ kn}$

$LD = \sqrt{0,56^2 + 0,75^2} = 0,94 \text{ kn (Druckstab)}$

$\sum V = 0 \rightarrow LC_{(V)} = 0,56 \text{ kn} - 0,375 \text{ kn} = 0,185 \text{ kn}$

$\sum H = 0 \rightarrow LC_{(H)} = 0,75 \text{ kn} - 1 \text{ kn} = -0,25 \text{ kn}$

$$LC = \sqrt{0,185^2 + 0,25^2} = 0,31 \, kn$$

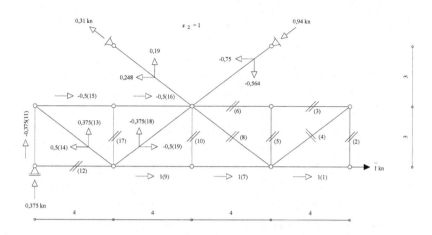

Normalkraftverlauf

$EA\delta_{11} = (1,332 \cdot 4 \cdot 4 + 1 \cdot 3 \cdot 2 + 2,662 \cdot 4 \cdot 2 + 1,662 \cdot 5 \cdot 4)/23,61 + 1,662 \cdot 5 \cdot 2 = 33,74$

$EA\delta_{12} = EA\delta_{21} = (1,33 \cdot -0,5 \cdot 4 \cdot 2 - 2,66 \cdot 1 \cdot 4 \cdot 2 + 1 \cdot -0,375 \cdot 3 - 1,66 \cdot 0,625 \cdot 5 + 1,66 \cdot -0,625 \cdot 5)/23,61 + 1,66 \cdot 0,31 \cdot 5 + 1,66 \cdot -0,94 \cdot 5 = -6,84$

$EA\delta_{10} = 1,66 \cdot 250 \cdot 5 \cdot 2 = 4.150$

$EA\delta_{22} = (0,5^2 \cdot 4 \cdot 2 + 1 \cdot 4 \cdot 3 + 0,375^2 \cdot 3 + 0,625^2 \cdot 5 \cdot 2)/23,61 + 0,31^2 \cdot 5 + 0,94^2 \cdot 5 = 5,67$

$EA\delta_{20} = 0,31 \cdot 250 \cdot 5 - 0,94 \cdot 250 \cdot 5 = -787,5$

x_1	x_2	b
33,74	−6,84	−4.150
−6,84	5,67	787,5
−125,55	−12,56	

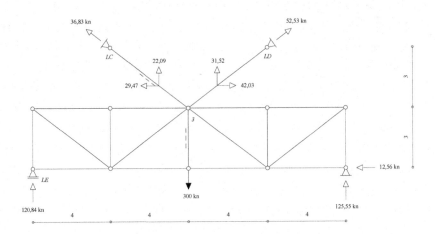

Auflagerreaktionen

$M_{(3)} = 0 \rightarrow -LE\cdot8 - 12{,}56\cdot3 + 125{,}55\cdot8 = 0 \rightarrow LE = 120{,}84$

$M_{(LC)} = 0 \rightarrow -120{,}84\cdot4 - 12{,}56\cdot6 + 125{,}55\cdot12 - 300\cdot4 + LD_{(V)}\cdot8 = 0 \rightarrow LD_{(V)} = 31{,}52$ kn

$LD_{(H)} = 31{,}52/0{,}75$ (Strahlensatz) $= 42{,}03$

$LD = \sqrt{31{,}52^2 + 42{,}03^2} = 52{,}53$ kn

$\sum V = 0 \rightarrow LC_{(V)} = -120{,}84 + 300 - 125{,}55 - 31{,}52 = 22{,}09$ kn

$\sum H = 0 \rightarrow LC_{(H)} = 12{,}56 - 42{,}03 = -29{,}47$ kn

$LC = \sqrt{22{,}09^2 + 29{,}47^2} = 36{,}83$ kn

Beispiel 1.2.5

gegeben:

1–fach statisch unbestimmtes System

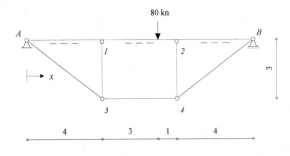

$I_{(A-1)} = I_{(1-2)} = I_{(B-2)} = 5.410$ cm^4

$A_{(A-1)} = A_{(1-2)} = A_{(B-2)} = 64{,}3$ cm^2

$A_{(A-3)} = A_{(1-3)} = A_{(3-4)} = A_{(2-4)} = A_{(B-4)} = 7{,}64$ cm^2

$E = $ konstant

gesucht:

Auflagerreaktionen, Normalkräfte, Momentenverlauf

Lösung:

$$\frac{64,30}{7,64} = 8,42$$

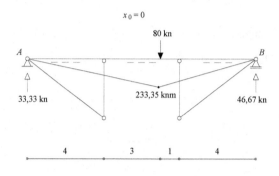

Auflagerreaktionen und Momentenverlauf

$M_{(A)} = 0 \rightarrow -80{\cdot}7 + B{\cdot}12 = 0 \rightarrow B = 46,67$ kn

$\Sigma V = 0 \rightarrow A_{(V)} = 80 - 46,67 = 33,33$ kn

$M_{(x=7)} = 46,67{\cdot}5 = 233,35$ knm

$y_{(0-7)} = -33,34x$

$y_{(7-12)} = 46,67x - 560$

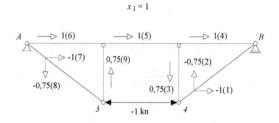

Normalkraftverlauf

Annahme: $S_{(3-4)}$ ist ein Druckstab

$S_{(B-4)} = S_{(A-3)} = -1,25$ kn

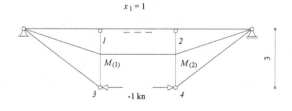

Momentenverlauf

virtuelle Schnittstelle $S_{(3-4)}$

$M_{(1)} = M_{(2)} = 1{\cdot}3 = 3$ knm

$y_{(0-4)} = -0,75x$

$y_{(4-8)} = -3$

$y_{(8-12)} = 0,75x - 9$

$$v = \sum \int_0^l \overline{M}\,\frac{M}{EI}\,d_x + \sum \int_0^l \overline{N}\,\frac{N}{EA}\,d_x$$

$$\delta_{11} \cdot x_1 + \delta_{10} = 0$$

$$EI\delta_{10} = \int_0^4 -0,75x \cdot -33,34x + \int_4^7 -3 \cdot -33,34x + \int_7^8 -3 \cdot (46,67x-560) + \int_8^{12}(0,75x-9)\cdot(46,67x$$

$$-560) = 3.565$$

δ_{10}

Lastfall x_1 → Ort der Verschiebung (Entfernung der Knoten 3 und 4 voneinander)

Lastfall x_0 → Ursache (Grund der Entfernung der Knoten 3 und 4 voneinander)

bzw. δ_{01}

Lastfall x_0 → Ort der Verschiebung (Durchsenkung $\delta_{(x=7)}$)

Lastfall x_1 → Ursache (Grund der Durchsenkung $\delta_{(x=7)}$)

$$\delta_{11} = \frac{\int_0^4(-0,75x)^2 + \int_4^8 3^2 + \int_8^{12}(0,75x-9)^2}{EI} + \frac{\dfrac{1^2 \cdot 4 \cdot 3}{8,42} + 1,25^2 \cdot 5 \cdot 2 + 0,75^2 \cdot 3 \cdot 2 + 1^2 \cdot 4}{EA}$$

$$= \frac{60}{EI} + \frac{24,4}{EA}$$

$$x_1 = \frac{-3.565}{60 + \dfrac{24,4I}{A}} = -58\,\text{kn} \rightarrow \text{Zugstab}$$

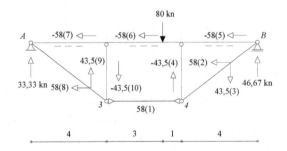

Auflagerreaktionen und Normalkräfte

$M_{(A)} = 0 \rightarrow -80\cdot7 + B\cdot12 = 0 \rightarrow B = 46,67$

$\Sigma V = 0 \rightarrow A_{(V)} = 80 - 46,67 = 33,33\,\text{kn}$

$S_{(B-4)} = S_{(A-3)} = 72,5\,\text{kn}$

Momentenverlauf

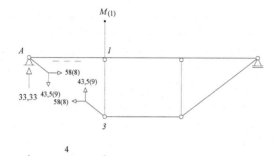

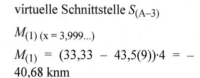

virtuelle Schnittstelle $S_{(A-3)}$

$M_{(1)}$ (x = 3,999...)

$M_{(1)} = (33,33 - 43,5(9)) \cdot 4 = -40,68$ knm

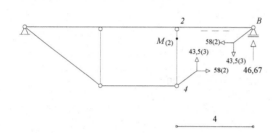

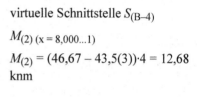

virtuelle Schnittstelle $S_{(B-4)}$

$M_{(2)}$ (x = 8,000...1)

$M_{(2)} = (46,67 - 43,5(3)) \cdot 4 = 12,68$ knm

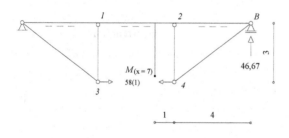

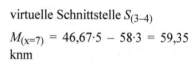

virtuelle Schnittstelle $S_{(3-4)}$

$M_{(x=7)} = 46,67 \cdot 5 - 58 \cdot 3 = 59,35$ knm

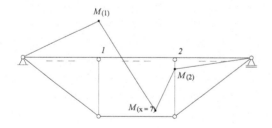

Beispiel 1.2.6

gegeben:

2–fach statisch unbestimmtes System

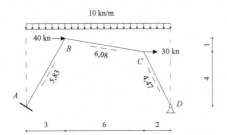

EI = konstant

gesucht:

Auflagerreaktionen, Momentenverlauf, Horizontalverschiebung $\delta_{(C)}$

Lösung:

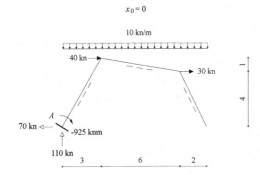

Auflagerreaktion

$A_{(V)} = -10 \cdot 11 = -110$ kn

$A_{(H)} = 40 + 30 = 70$ kn

$M_{(A)} = -10 \cdot 11 \cdot 5,5 - 40 \cdot 5 - 30 \cdot 4 =$
-925 knm

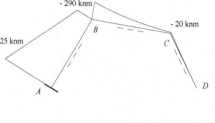

Momentenverlauf

$M_{((A-B)/2)} = 110 \cdot 1{,}50 + 70 \cdot 2{,}50 - 925 - 10 \cdot 1{,}50 \cdot 0{,}75 = -596{,}25 \text{ knm}$

$M_{(B)} = 110 \cdot 3 + 70 \cdot 5 - 925 - 10 \cdot 3 \cdot 1{,}5 = -290 \text{ knm}$

$M_{((B-C)/2)} = 110 \cdot 6 + 70 \cdot 4{,}5 - 925 - 10 \cdot 6 \cdot 3 + 40 \cdot 0{,}5 = -110 \text{ knm}$

$M_{(C)} = -10 \cdot 2 \cdot 1 = -20 \text{ knm}$

$M_{((C-D)/2)} = -10 \cdot 1 \cdot 0{,}5 = -5 \text{ knm}$

$y_{(0-5{,}83)} = 1{,}3x^2 - 116{,}6x + 925$

$y_{(0-6{,}08)} = 4{,}87x^2 - 74x + 290$

$y_{(0-4{,}47)} = x^2 - 8{,}91x + 20$

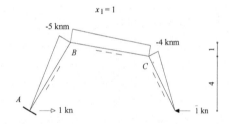

Auflagerreaktion und Momenten-verlauf

$A_{(H)} = 1 \text{ kn}$

$M_{(B)} = -1 \cdot 5 = -5 \text{ knm}$

$M_{(C)} = -1 \cdot 4 = -4$

$y_{(0-5{,}83)} = 0{,}858x$

$y_{(0-6{,}08)} = -0{,}164x + 5$

$y_{(0-4{,}47)} = -0{,}895x + 4$

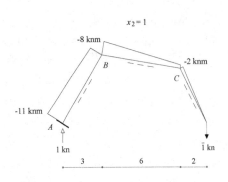

Auflagerreaktion und Momentenverlauf

$A_{(V)} = 1$ kn

$M_{(A)} = -1\cdot 11 = -11$ knm

$M_{(B)} = -1\cdot 8 = -8$ knm

$M_{(C)} = -1\cdot 2 = -2$ knm

$y_{(0-5,83)} = -0,515x + 11$

$y_{(0-6,08)} = -0,987x + 8$

$y_{(0-4,47)} = -0,447x + 2$

$$EI\delta_{11} = \int\limits_0^{5,83} (0.858x)^2 + \int\limits_0^{6,08} (-0,164x+5)^2 + \int\limits_0^{4,47} (-0,895x+4)^2 = 196,16$$

$$EI\delta_{12} = \int\limits_0^{5,83} 0,858x\cdot(-0,515x+11) + \int\limits_0^{6,08} (-0,164x+5)\cdot(-0,987x+8) + \int\limits_0^{4,47} (-0,895x$$

$$+4)\cdot(-0,447x+2) = 283$$

$$EI\delta_{10} = \int\limits_0^{5,83} 0,858x\cdot(1,3x^2-116,6x+925) + \int\limits_0^{6,08} (-0,164x+5)\cdot(4,87x^2-74x+290)$$

$$+ \int\limits_0^{4,47} (-0,895x+4)\cdot(x^2-8,91x+20) = 10.853$$

$$EI\delta_{22} = \int\limits_0^{5,83} (-0,515x+11)^2 + \int\limits_0^{6,08} (-0,987x+8)^2 + \int\limits_0^{4,47} (-0,447x+2)^2 = 706,6$$

$$EI\delta_{20} = \int\limits_0^{5,83} (-0,515x+11)\cdot(1,3x^2-116,6x+925) + \int\limits_0^{6,08} (-0,987x+8)\cdot(4,87x^2-74x+290)$$

$$+ \int\limits_0^{4,47} (-0,447x+2)\cdot(x^2-8,91x+20) = 38.817$$

x_1	x_2	b
196,16	283	-10.853
283	706,6	-38.817
56,67	$-77,63$	

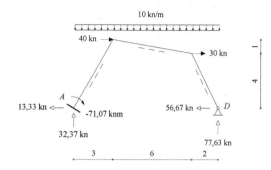

Auflagerreaktionen

$A_{(V)} = 77,63 - 10·11 = -32,37$ kn

$A_{(H)} = 30 + 40 - 56,67 = 13,33$ kn

$M_{(A)} = 77,63·11 - 30·4 - 40·5 - 10·11·5,5 = -71,07$ knm

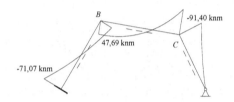

Momentenverlauf

$M_{(B)} = 32,37·3 + 13,33·5 - 71,07 - 10·3·1,5 = 47,69$ knm

$M_{(C)} = 77,63·2 - 56,67·4 - 10·2·1 = -91,4$ knm

$y_{(0-5,83)} = 1,36x^2 - 28x + 71$

$y_{(0-6,08)} = 4,9x^2 - 7,1x - 47$

$y_{(0-4,47)} = 1,14x^2 - 25,5x + 91,2$

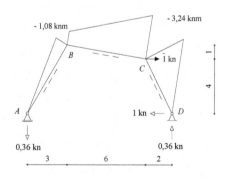

Auflagerreaktionen und Momentenverlauf für Horizontalverschiebung $\delta_{(C)}$

$M_{(D)} = 0 \rightarrow 1·4 - A·11 = 0 \rightarrow A = 0,36$ kn

$D_{(V)} = 0,36$ kn

$D_{(H)} = 1$ kn

$M_{(B)} = -0,36·3 = -1,08$ knm

$M_{(C)} = -0,36·9 = -3,24$ knm

$y_{(0-5,83)} = 0,185x$

$y_{(0-6,08)} = 0,355x + 1,08$

$y_{(0-4,47)} = -0,725x + 3,24$

$$EI\delta_{(C)H} = \int\limits_0^{5,83} 0,185x\cdot(1,36x^2 - 28x + 71) + \int\limits_0^{6,08}(0,355x + 1,08)\cdot(4,9x^2 - 7,1x - 47)$$

$$+ \int\limits_0^{4,47}(-0,725x + 3,24)\cdot(1,14x^2 - 25,5x + 91,2) = 409,6$$

$$\delta_{(C)H} = \frac{409,6}{EI}$$

Beispiel 1.2.7

gegeben:

2–fach statisch unbestimmtes System

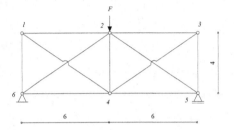

Gurtstäbe $A = 54,3$ cm^2

Füllstäbe $A = 26,0$ cm^2

$E = 210.000$ N/mm^2

Normalkraft der Stäbe $S_{(1-4)} = S_{(3-4)} = -20$ kn

gesucht:

$S_{(1-4)}$ und $S_{(3-4)}$ sollen ausgebaut werden. Wie groß muss F sein, damit die Normalkraft dieser Stäbe $= 0$ ist?

Lösung:

$EA_{(G)} = 2,1\cdot10^8\cdot0,00543 = 1.140.300$ kn

$EA_{(F)} = 2,1\cdot10^8\cdot0,0026 = 546.000$ kn

$$\frac{1.140.300}{546.000} = 2,1$$

Annahme:

$F = 1\ kn$

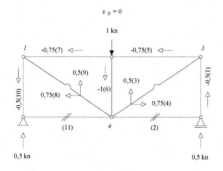

$S_{(1-4)} = S_{(3-4)} = 0{,}90\ kn$

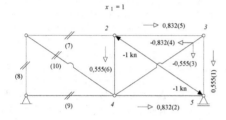

Annahme: $S_{(2-5)}$ ist ein Druckstab

$S_{(3-4)} = -1{,}0\ kn$

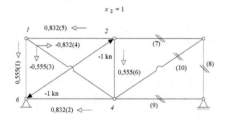

Annahme: $S_{(2-6)}$ ist ein Druckstab

$S_{(1-4)} = -1{,}0\ kn$

$$EA\delta_{11} = EA\delta_{22} = \frac{0{,}8322 \cdot 6 \cdot 2 + 0{,}5552 \cdot 4}{2{,}1} + 0{,}5552 \cdot 4 + 1 \cdot 7{,}21 \cdot 2 = 20{,}19$$

$$EA\delta_{12} = EA\delta_{21} = 0{,}5552 \cdot 4 = 1{,}23$$

$$EA\delta_{10} = EA\delta_{20} = \frac{0{,}832 \cdot -0{,}75 \cdot 6 + 0{,}555 \cdot -0{,}5 \cdot 4}{2{,}1} - 1 \cdot 0{,}90 \cdot 7{,}21 + 0{,}55 \cdot -1 \cdot 4 = -11{,}0$$

x_1	x_2	b
20,19	1,23	11,0
1,23	20,19	11,0
0,514	0,514	

$S_{(2-5)} = S_{(2-6)} = 0,514$ kn (Druckstab)

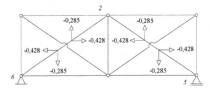

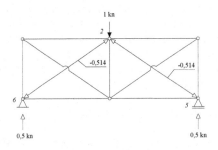

$S_{(2-5)V} = S_{(2-6)V} = \sin(33,69°)\cdot- 0,514 = -0,285$

$S_{(2-5)H} = S_{(2-6)H} = \cos(33,69°)\cdot- 0,514 = -0,428$

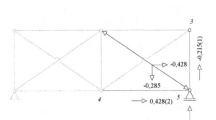

$S_{(3-5)} = -0,5 + 0,285 = -0,215$

$S_{(4-5)} = 0,428$

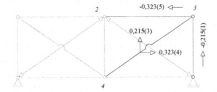

$S_{(3-4)V} = 0,215$

$S_{(3-4)H} = 0,215/(4\ m\ /\ 6\ m) = 0,323$

$S_{(2-3)} = -0,323$

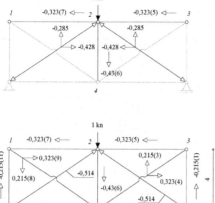

usw.

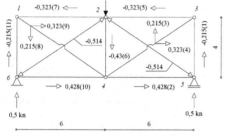

Bei 1kn erhalten $S_{(1-4)}$ und $S_{(3-4)}$ eine Zugkraft von 0,388 kn

$$\frac{1\,\text{kn}}{0,388\,\text{kn}} = \frac{F_{\text{erf}}}{20\,\text{kn}} \rightarrow F_{\text{erf}} = 51,55\,\text{kn}$$

Beispiel 1.2.8

gegeben:

2–fach statisch unbestimmtes System

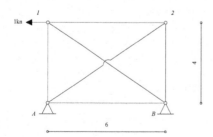

EA = konstant

gesucht:

Auflagerreaktionen, Normalkräfte

Lösung:

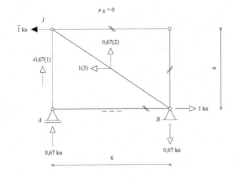

$M_{(B)} = 0 \rightarrow A \cdot 6 - 1 \cdot 4 = 0 \rightarrow A = 0{,}67$ kn

$\sum V = 0 \rightarrow B_{(V)} = 0{,}67$ kn

$\sum H = 0 \rightarrow B_{(H)} = 1$ kn

$S_{(B-1)} = 1{,}2$ kn

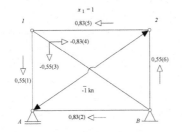

Annahme: $S_{(A-2)}$ ist ein Druckstab

$S_{(B-1)} = -1{,}0$ kn

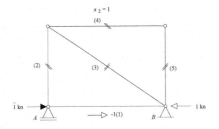

$\sum H = 0 \rightarrow B_{(H)} = 1$ kn

$EA\delta_{11} = 0{,}83^2 \cdot 6 \cdot 2 + 0{,}55^2 \cdot 4 \cdot 2 + 1 \cdot 7{,}21 \cdot 2 = 25{,}11$

$EA\delta_{12} = EA\delta_{21} = 0{,}83 \cdot -1 \cdot 6 = -4{,}98$

$EA\delta_{10} = -0{,}67 \cdot 0{,}55 \cdot 4 + 1{,}2 \cdot -1 \cdot 7{,}21 = -10{,}13$

$EA\delta_{22} = 12 \cdot 6 = 6$

$\delta_{20} = 0$

x_1	x_2	b
25,11	−4,98	10,13
−4,98	6	0
0,483	0,4	

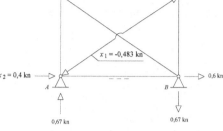

Auflagerreaktionen

$M_{(B)} = 0 \rightarrow A_{(V)}\cdot 6 - 1\cdot 4 = 0 \rightarrow$
$A_{(V)} = 0{,}67$ kn

$\Sigma V = 0 \rightarrow B_{(V)} = 0{,}67$ kn

$\Sigma H = 0 \rightarrow B_{(H)} = 1 - 0{,}4 = 0{,}6$ kn

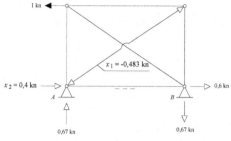

Normalkräfte

$S_{(B-1)} = 0{,}72$ kn

Beispiel 1.2.9

gegeben:

1–fach statisch unbestimmtes System

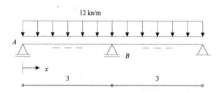

$EI = 2.163$ knm^2

gesucht:

Auflagerreaktionen, Momentenverlauf

Lösung:

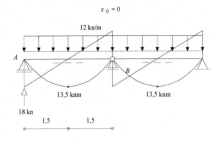

$M_{(B)} = 0 \rightarrow A \cdot 3 - 12 \cdot 3 \cdot 3/2 = 0 \rightarrow$
$A = 18$ kn

$M_{(x=1,5)} = 18 \cdot 1,5 - 12 \cdot 1,5 \cdot 1,5/2 =$
13,5 knm

$y_{(0-3)} = 6x^2 - 18x$

$y_{(3-6)} = 6x^2 - 54x + 108$

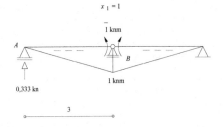

$M_{(B/links)} = 1 \rightarrow A \cdot 3 = 1 \rightarrow A =$
0,333 kn

$y_{(0-3)} = -0,333x$

$y_{(3-6)} = 0,333x - 2$

$$EI\phi_{11} = \int_0^3 (-0,333x)^2 + \int_3^6 (0,333x - 2)^2 = 2$$

$$EI\phi_{10} = \int_0^3 (-0,333x) \cdot (6x^2 - 18x) + \int_3^6 (0,333x - 2) \cdot (6x^2 - 54x + 108) = 26,98$$

$$x_1 = -\frac{\phi_{10}}{\phi_{11}} = -\frac{26,98}{2} = -13,49$$

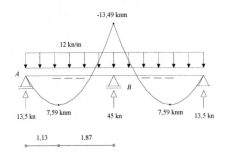

Auflagerreaktionen

$M_{(B)} = -13,49 \rightarrow A \cdot 3 - 12 \cdot 3 \cdot 3/2 =$
$-13,49 \rightarrow A = 13,5$ kn $= C_{(V)}$

$B = 12 \cdot 6 - 13,5 \cdot 2 = 45$ kn

$x^0 \rightarrow 13,5 - 12 \cdot x^0 = 0 \rightarrow x^0 = 1,13$ m

max Feldmoment

$M_{(F)} = 13,5 \cdot 1,13 - 12 \cdot 1,13 \cdot 1,13/2$
$= 7,59$ knm

1.3 Gegenseitige Verschiebungen/Verdrehungen

Beispiel 1.3.1

gegeben:

1–fach statisch unbestimmtes System

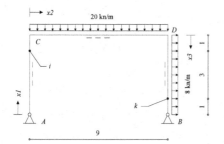

Stiele = EI

Riegel = $1{,}3EI$

gesucht:

Auflagerreaktionen, Momentenverlauf, gegenseitige Verschiebungsgröße i–k

Lösung:

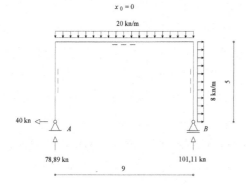

Auflagerreaktionen

$M_{(A)} = 0 \;\rightarrow\; B{\cdot}9 - 20{\cdot}9{\cdot}4{,}5 - 8{\cdot}5{\cdot}2{,}5 = 0 \;\rightarrow\; B = 101{,}11$ kn

$A_{(V)} = 20{\cdot}9 - 101{,}11 = 78{,}89$ kn

$A_{(H)} = 8{\cdot}5 = 40$ kn

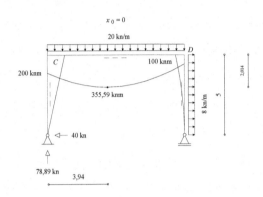

Momentenverlauf

$M_{(C)} = 40 \cdot 5 = 200$ knm

$M_{(D)} = 8 \cdot 5 \cdot 2,5 = 100$ knm

Querkraftnullstelle im Riegel

$78,89 - 20 \cdot x^0 = 0 \rightarrow x^0 = 3,94$ m

$M_{(x2=3,94)} = 78,89 \cdot 3,94 + 40 \cdot 5 - 20 \cdot 3,94 \cdot 3,94/2 = 355,59$

$y_{1(0-5)} = -40x$

$y_{2(0-9)} = 10x^2 - 79x - 200$

$y_{3(0-5)} = -4x^2 + 40x - 100$

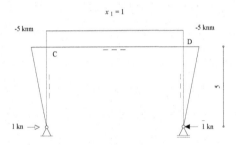

Auflagerreaktionen und Momentenverlauf

$M_{(C)} = M_{(D)} = -1 \cdot 5 = -5$ knm

$y_{1(0-5)} = x$

$y_{2(0-9)} = 5$

$y_{3(0-5)} = -x + 5$

$$EI\delta_{10} = \int_0^5 x \cdot -40x + \int_0^9 \frac{5 \cdot (10x^2 - 78,89x - 200)}{1,3} + \int_0^5 (-x+5) \cdot (-4x^2 + 40x - 100) = -12.158$$

$$EI\delta_{11} = \int_0^5 x^2 + \int_0^9 \frac{5^2}{1,3} + \int_0^5 (-x+5)^2 = 256,34$$

$$x_1 = \frac{12.158}{256,34} = 47,4 \text{ kn}$$

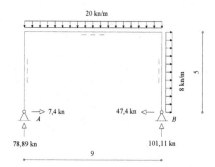

Auflagerreaktionen

$M_{(A)} = 0 \rightarrow B_{(V)} = (-20 \cdot 9 \cdot 4,5 - 8 \cdot 5 \cdot 2,5)/9 = -101,11$ kn

$A_{(V)} = 20 \cdot 9 - 101,11 = 78,89$ kn

$A_{(H)} = 47,4 - 8 \cdot 5 = 7,4$ kn

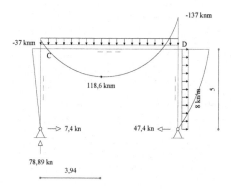

Momentenverlauf

$M_{(C)} = -7,4 \cdot 5 = -37$ knm

$M_{(D)} = -47,4 \cdot 5 + 8 \cdot 5 \cdot 2,5 = -137$ knm

Querkraftnullstelle im Riegel

$78,89 - 20 \cdot x^0 = 0 \rightarrow x^0 = 3,94$ m

$M_{(x2=3,94)} = 78,89 \cdot 3,94 - 7,4 \cdot 5 - 20 \cdot 3,94 \cdot 3,94/2 = 118,6$

$M_{(x3=2,5)} = -47,4 \cdot 2,5 + 8 \cdot 2,5 \cdot 1,25 = -93,5$ knm

$y_{1(0-5)} = 7,4x$

$y_{2(0-9)} = 10x^2 - 79x + 37$

$y_{3(0-5)} = -4x^2 - 7,4x + 137$

Verschiebung der Punkte i und k

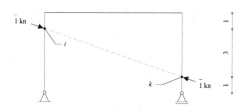

Annahme: Die Punkte i und k bewegen sich aufeinander zu.

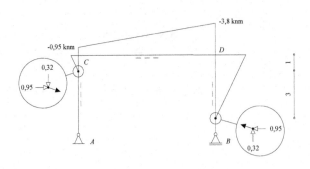

Auflagerreaktionen und Momentenverlauf

$A = B = 0$

$M_{(C)} = -0,95 \cdot 1 = -0,95 \text{ knm}$

$M_{(D)} = -0,95 \cdot 4 = -3,8 \text{ knm}$

$y_{1(4-5)} = 0,95x - 3,8$

$y_{2(0-9)} = 0,317x + 0,95$

$y_{3(0-4)} = -0,95x + 3,8$

$$EI\delta_{(i-k)} = \int_4^5 (0,95x - 3,8) \cdot 7,4x + \int_0^9 \frac{(0,317x + 0,95) \cdot (10x^2 - 79x + 37)}{1,3}$$

$$+ \int_0^4 (-0,95x + 3,8) \cdot (-4x^2 - 7,4x + 137) = 266,54$$

Die Punkte i und k bewegen sich $\dfrac{266,54}{EI}$ aufeinander zu.

Beispiel 1.3.2

gegeben:

statisch bestimmtes System

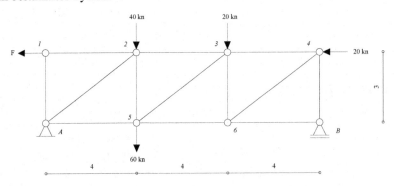

EA = konstant

gesucht:

Gegenseitige Verschiebungsgröße der Knoten $2-6$ ($\delta_{(2-6)}$)

Wie groß muss F sein, damit diese Verschiebung = 0 ist?

Lösung:

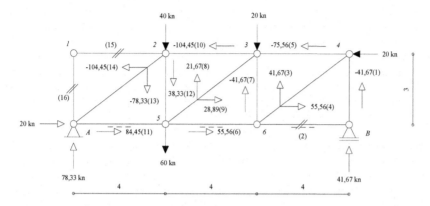

$M_{(A)} = 0 \rightarrow B \cdot 12 + 20 \cdot 3 - 20 \cdot 8 - 100 \cdot 4 = 0 \rightarrow B = 41{,}67 \text{ kn}$

$\Sigma V = 0 \rightarrow A_{(V)} = 100 + 20 - 41{,}67 = 78{,}33 \text{ kn}$

$\Sigma H = 0 \rightarrow A_{(H)} = 20 \text{ kn}$

$S_{(A-2)} = -130{,}56 \text{ kn} \qquad\qquad S_{(3-5)} = 36{,}11 \text{ kn}$

$S_{(4-6)} = 69{,}45 \text{ kn}$

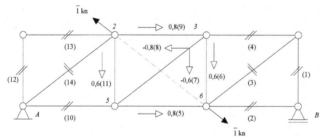

Annahme: Die Punkte *2* und *6* entfernen sich voneinander.

$S_{(3-5)} = -1 \text{ kn}$

$EA\delta_{(2-6)} = 0{,}8 \cdot -104{,}45 \cdot 4 + 0{,}8 \cdot 55{,}56 \cdot 4 + 0{,}6 \cdot 38{,}33 \cdot 3 - 1 \cdot 36{,}11 \cdot 5 + 0{,}6 \cdot -41{,}67 \cdot 3 = -343{,}01$

Die Knoten *2* und *6* bewegen sich $\dfrac{343{,}01}{EA}$ aufeinander zu.

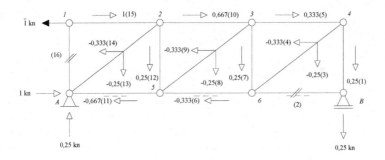

$M_{(A)} = 0 \rightarrow -B \cdot 12 + 1 \cdot 3 = 0 \rightarrow B = 0,25 \text{ kn}$

$A_{(V)} = 0,25 \text{ kn} \qquad\qquad A_{(H)} = 1 \text{ kn}$

$S_{(A-2)} = S_{(3-5)} = S_{(4-6)} = -0,416 \text{ kn}$

$EA\delta_{(2-6)} = 0,8 \cdot 0,667 \cdot 4 + 0,8 \cdot -0,333 \cdot 4 + 0,6 \cdot 0,25 \cdot 3 \cdot 2 - 1 \cdot -0,416 \cdot 5 = 4,05$

Die Knoten *2* und *6* entfernen sich $\dfrac{4,05}{EA}$ voneinander.

$$\frac{1}{\dfrac{4,05}{EA}} = \frac{F}{\dfrac{343,01}{EA}} \rightarrow F = 84,69 \text{ kn}$$

Beispiel 1.3.3

gegeben:

wie Beispiel 1.1.8

gesucht:

Größe der gegenseitigen Verdrehung der Stäbe *A–2* und *2–6* für $\delta_{(6)} = 5$ mm.

Lösung:

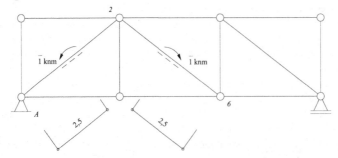

Annahme: $S_{(A-2)}$ und $S_{(2-6)}$ drehen sich aufeinander zu.

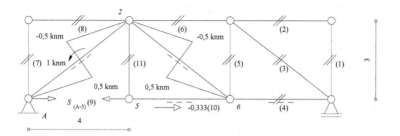

virtuelle Schnittstelle $S_{(A-5)}$

Annahme: $S_{(A-5)}$ ist ein Zugstab

$M_{(2)} = 0 \rightarrow -1 - S_{(A-5)} \cdot 3 = 0 \rightarrow S_{(A-5)} = -0{,}333$ kn (Druckstab)

$S_{(A-2)} = S_{(2-6)} = \cos(36{,}87°) \cdot 0{,}333 = 0{,}266$ kn (Zugstab)

$EA\phi_{(A-2)\,(2-6)} = -0{,}333 \cdot 37{,}79 \cdot 4 \cdot 2 + 0{,}266 \cdot -109{,}71 \cdot 5 + 0{,}266 \cdot 9{,}71 \cdot 5 = -234$

Die Stäbe $A-2$ und $2-6$ drehen sich $-234/(EA)$ voneinander weg.

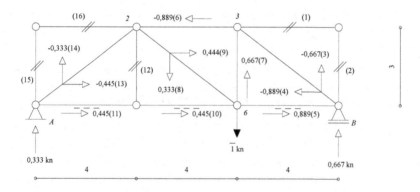

$M_{(A)} = 0 \rightarrow B \cdot 12 - 1 \cdot 8 = 0 \rightarrow B = 0{,}667$ kn

$\Sigma V = 0 \rightarrow A_{(V)} = 1 - 0{,}667 = 0{,}333$ kn

$S_{(A-2)} = -0{,}555$ kn

$S_{(2-6)} = 0{,}555$ kn

$S_{(B-3)} = -1{,}11$ kn

$EA\delta_{(6)} = -0{,}889 \cdot -75{,}56 \cdot 4 + 0{,}889 \cdot 45{,}56 \cdot 4 + 0{,}445 \cdot 37{,}79 \cdot 4 \cdot 2 - 0{,}555 \cdot -109{,}71 \cdot 5 + 0{,}555 \cdot 9{,}71 \cdot 5$
$+ 0{,}667 \cdot 34{,}17 \cdot 3 - 1{,}11 \cdot -56{,}95 \cdot 5 = 1.281$

Größe der gegenseitigen Verdrehung der Stäbe A–2 und 2–6 ($\phi_{(A-2)\,(2-6)}$) für $\delta_{(6)} = 5$ mm:

$$\frac{\dfrac{234}{EA}}{\dfrac{1.281}{EA}} = \frac{\phi_{(A-2)(2-6)}}{0,005} \rightarrow \phi_{(A-2)(2-6)} = \frac{234 \cdot 0,005}{1.281}$$

Beispiel 1.3.4

gegeben:

1–fach statisch unbestimmtes System

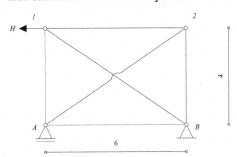

$EA = 445.200$ kn

$S_{(A-2)}$ kann sich 0,25 mm bewegen, bevor er sich an einer Kraftübertragung beteiligt.

gesucht:

Wie groß muss H sein, damit sich $S_{(A-2)}$ an einer Kraftübertragung beteiligt?

Lösung:

Annahme: $H = 1$ kn

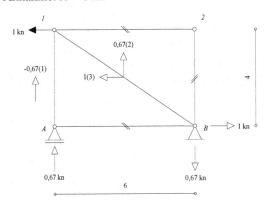

$S_{(B-1)} = 1,2$ kn

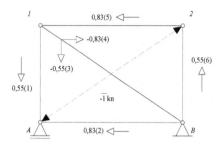

Annahme: Die Punkte A und 2 entfernen sich voneinander.

$$S_{(B-1)} = 1\,kn$$

$$\delta_{(A-2)} = -0{,}67 \cdot 0{,}55 \cdot 4 + 1{,}2 \cdot -1 \cdot 7{,}21 = -10{,}13/(EA)$$

Bei 1kn bewegen sich die Punkte A–2 0,02275 mm aufeinander zu.

$$\frac{1\,kn}{0{,}02275\,mm} = \frac{x}{0{,}25\,mm} \rightarrow x = 10{,}99$$

Ab $H > 10{,}99$ kn beteiligt sich $S_{(A-2)}$ an einer Kraftübertragung.

1.4 Diskontinuitäten

Beispiel 1.4.1

gegeben:

1–fach statisch unbestimmtes System

Ist–Trägerlänge = $L + x$

Soll–Trägerlänge = L

gesucht:

Normalkraft im eingebauten Zustand

Lösung:

$x_0 = 0$

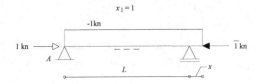

$$EA\delta_{11} = -1^2 \cdot (L+x) = L+x$$

$$\delta_{10} = -1 \cdot x = -x$$

$$x_1 = \frac{-\delta_{10}}{\delta_{11}} = \frac{x \cdot EA}{L+x}$$

Beispiel 1.4.2

gegeben:

1–fach statisch unbestimmtes System

Ist–Trägerlänge = 3.000,5 mm

Soll–Trägerlänge 3.000 mm

gesucht:

Normalkraft im eingebauten Zustand

Lösung:

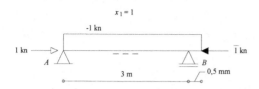

$$EA\delta_{11} = -1^2 \cdot 3{,}0005 = 3{,}0005$$

$$\delta_{10} = -1 \cdot 0{,}0005 = -0{,}0005$$

$$x_1 = \frac{0{,}0005EA}{3{,}0005} = \frac{EA}{6{.}001}$$

Beispiel 1.4.3

gegeben:

1–fach statisch unbestimmtes System

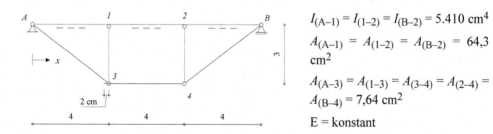

$I_{(A-1)} = I_{(1-2)} = I_{(B-2)} = 5{.}410$ cm^4

$A_{(A-1)} = A_{(1-2)} = A_{(B-2)} = 64{,}3$ cm^2

$A_{(A-3)} = A_{(1-3)} = A_{(3-4)} = A_{(2-4)} = A_{(B-4)} = 7{,}64$ cm^2

E = konstant

$S_{(3-4)}$, mit einer Überlänge von 2 cm, soll in das System eingebaut werden.

gesucht:

Normalkräfte und Momentenverlauf

Lösung:

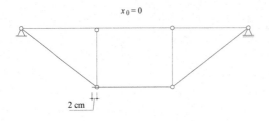

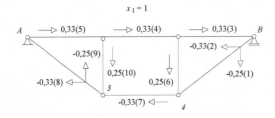

Annahme: $S_{(B-4)V}$ ist ein Druckstab

virtuelle Schnittstelle $S_{(B-4)}$

$S_{(B-4)V}\cdot 4 = 1$ knm → $S_{(B-4)V} = 0,25$ kn

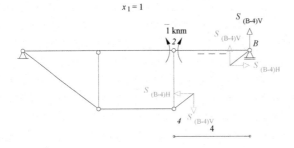

$S_{(A-3)} = S_{(B-4)} = -0,414$ kn

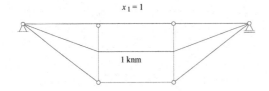

$y_{(0-4)} = 0,25x$

$y_{(4-8)} = -1$

$y_{(8-12)} = 0,25x - 3$

$$v = \sum \int_0^l \overline{N}\, \frac{N}{EA}\, d_x + \sum \int_0^l \overline{M}\, \frac{M}{EI}\, d_x$$

$\phi_{11}\cdot x_1 + \phi_{10} = 0$

$$\phi_{11} = \frac{(0,33^2 \cdot 4 \cdot 3 + 0,414^2 \cdot 5 \cdot 2 + 0,33^2 \cdot 4 + 0,25^2 \cdot 3 \cdot 2)}{EA} + 2\int_0^4 \frac{(0,25x)^2}{EI} + \int_4^8 \frac{(-1)^2}{EI}$$

$$= \frac{3,831}{EA} + \frac{6,67}{EI}$$

$$\phi_{10} = -0,33 \cdot 0,02 = -0,0067$$

$$x_1 = \frac{0,0067}{\dfrac{3,831}{EA} + \dfrac{6,67}{EI}} = 10,97$$

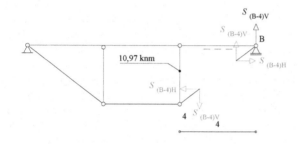

virtuelle Schnittstelle $S_{(B-4)}$

$S_{(B-4)V}$ ist ein Druckstab

$S_{(B-4)V} \cdot 4 = 10,97$ knm → $S_{(B-4)V}$
$= 2,74$

$S_{(A-3)} = S_{(B-4)} = -4,56$ kn

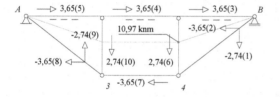

Normalkraft- und Momentenverlauf

oder:

siehe Beispiel 1.2.5

Im Lastfall $x_1 = 1$ entfernen sich die Punkte 3 und $4 = \dfrac{60}{EI} + \dfrac{24,4}{EA}$ (δ_{11}) voneinander.

durch umstellen ergibt sich : $\dfrac{1}{\dfrac{60}{EI} + \dfrac{24,4}{EA}} = \dfrac{S_{(3-4)}}{0,02} \rightarrow S_{(3-4)} = \dfrac{0,02}{\dfrac{60}{EI} + \dfrac{24,4}{EA}} = 3,68$ kn $(-)$

Beispiel 1.4.4

gegeben:

Zwei eingespannte Träger mit unterschiedlicher Einbauhöhe sollen verbunden werden.

EI = konstant = 733 knm^2

gesucht:

Momentenverlauf und Auflagerreaktionen

Lösung:

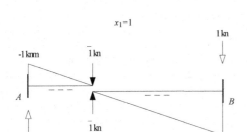

$$y_{(0-3)} = -x + 1$$

$$y_{(0-3)} = -1$$

$$EI\delta_{11} = \int_0^3 (-x+1)^2 = 3 \qquad EI\delta_{12} = EI\phi_{21} = \int_0^3 (-x+1)\cdot -1 = 1{,}5$$

$$\delta_{10} = -1 \cdot 0{,}01 = -0{,}01 \qquad\qquad EI\phi_{22} = \int_0^3 (-1)^2 = 3$$

$$\delta_{20} = 0$$

$$x_1 = 3{,}26 \text{ kn}$$
$$x_2 = -1{,}63 \text{ knm}$$

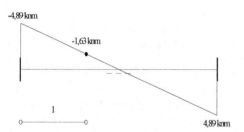

Momentenverlauf

$M_{(x=0)} = -3{,}26 \cdot 1 - 1{,}63 = -4{,}89$ knm

$M_{(x=3)} = 3{,}26 \cdot 2 - 1{,}63 = 4{,}89$ knm

Auflagerreaktionen

Beispiel 1.4.5

gegeben:

EI = konstant = 1.961 knm^2

gesucht:

Momentenverlauf, Auflagerreaktionen

Lösung:

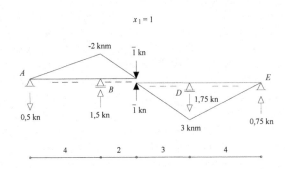

$M_{(A)} = 0 \rightarrow B\cdot4 - 1\cdot6 = 0 \rightarrow B = 1{,}5$ kn

$\Sigma V = 0 \rightarrow A_{(V)} = 1 - 1{,}5 = -0{,}5$ kn

$M_{(E)} = 0 \rightarrow D\cdot4 + 1\cdot7 = 0 \rightarrow D = -1{,}75$ kn

$\Sigma V = 0 \rightarrow E_{(V)} = -1 + 1{,}75 = 0{,}75$ kn

$M_{(B)} = -1\cdot2 = -2$ knm

$M_{(D)} = 1\cdot3 = 3$ knm

$y_{(0-4)} = 0{,}5x$

$y_{(4-9)} = -x + 6$

$y_{(9-13)} = 0{,}75x - 9{,}75$

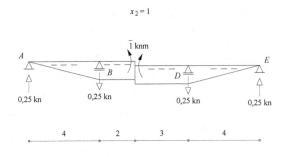

$M_{(A)} = 0 \rightarrow -B\cdot4 + 1 = 0 \rightarrow B = 0{,}25$ kn $= D$

$\Sigma V = 0 \rightarrow A_{(V)} = 0{,}25$ kn $= E_{(V)}$

$y_{(0-4)} = -0{,}25x$

$y_{(4-9)} = -1$

$y_{(9-13)} = 0{,}25x - 3{,}25$

$$EI\delta_{11} = \int_{0}^{4}(0{,}5x)^2 + \int_{4}^{9}(-x+6)^2 + \int_{9}^{13}(0{,}75x-9{,}75)^2 = 29$$

$$EI\delta_{12} = EI\phi_{21} = \int_{0}^{4}0{,}5x\cdot-0{,}25x + \int_{4}^{9}(-x+6)\cdot-1 + \int_{9}^{13}(0{,}75x-9{,}75)\cdot(0{,}25x-3{,}25) = 3{,}83$$

$\delta_{10} = -1 \cdot 0,06 = -0,06$

$$EI\phi_{22} = 2\int_0^4 (-0,25x)^2 + \int_4^9 1 = 7,65$$

$\phi_{20} = 0$

x_1	x_2	b
$\dfrac{29}{EI}$	$\dfrac{3,83}{EI}$	0,06
$\dfrac{3,83}{EI}$	$\dfrac{7,65}{EI}$	0
$\dfrac{EI}{451}$	$-\dfrac{EI}{902}$	

$x_1 = 4,35$ kn

$x_2 = -2,17$ knm

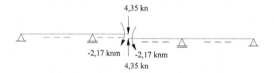

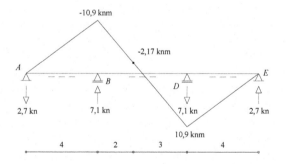

Momentenverlauf und Auflager-reaktionen

$M_{(B)} = -4,35 \cdot 2 - 2,17 = -10,9$ knm

$M_{(D)} = 4,35 \cdot 3 - 2,17 = 10,9$ knm

$M_{(A)} = 0 \rightarrow -4,35 \cdot 6 - 2,17 + B \cdot 4 = 0 = \rightarrow B = 7,1$ kn

$M_{(E)} = 0 \rightarrow 4,35 \cdot 7 - 2,17 + D \cdot 4 = 0 = \rightarrow D = -7,1$ kn

$-A_{(V)} \cdot 4 = -10,9 \rightarrow A_{(V)} = 2,7$ kn

$E_{(V)} \cdot 4 = 10,9 \rightarrow E_{(V)} = 2,7$ kn

1.5 Lagerverformungen

Beispiel 1.5.1

gegeben:

1–fach statisch unbestimmtes System

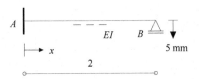

gesucht:

Auflagerreaktionen und Momentenverlauf bei einer Absenkung von Lager B um $\delta^e = 5\,\text{mm}$

Lösung:

$x_0 = 0$

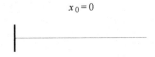

$x_1 = 1$

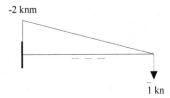

-2 knm

$y_{(0-2)} = -x + 2$

$\overline{1\,\text{kn}}$

$$v = \sum \int_0^l \overline{M}\frac{M}{EI}\,d_x + \overline{B}_V \delta^e$$

$$\delta_{11}\cdot x_1 + \delta_{10} = 0$$

$$EI\delta_{11} = \int_0^2 (-x+2)^2 = 2{,}67$$

$$\delta_{10} = -1\cdot 0{,}005 = -0{,}005$$

$$x_1 = \frac{0,005}{\frac{2,67}{EI}} = \frac{EI}{534}$$

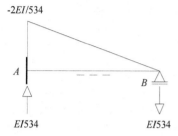

Auflagerreaktionen und Momentenverlauf

Beispiel 1.5.2

gegeben:

3–fach statisch unbestimmtes System

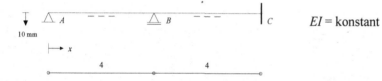

EI = konstant

gesucht:

Momentenverlauf und Auflagerreaktionen bei einer Absenkung von Lager A um $\delta = 10$ mm

Lösung:

$x_0 = 0$

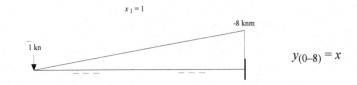

$$y_{(0-8)} = x$$

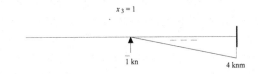

$$y_{(4-8)} = -x + 4$$

$$v = \sum \int_0^l \overline{M} \frac{M}{EI} d_x + \overline{A} v \delta^e$$

$$\delta_{11} \cdot x_1 + \delta_{12} \cdot x_2 + \delta_{13} \cdot x_3 + \delta_{10} = 0$$
$$\delta_{21} \cdot x_1 + \delta_{22} \cdot x_2 + \delta_{23} \cdot x_3 + \delta_{20} = 0$$
$$\delta_{31} \cdot x_1 + \delta_{32} \cdot x_2 + \delta_{33} \cdot x_3 + \delta_{30} = 0$$

$$EI\delta_{11} = \int_0^8 x^2 = 170{,}67 \qquad\qquad EI\delta_{13} = EI\delta_{31} = \int_4^8 (-x+4) \cdot x = -53{,}33$$

$$\delta_{10} = -1 \cdot 0{,}01 = -0{,}01 \qquad\qquad EI\delta_{33} = \int_4^8 (-x+4)^2 = 21{,}33$$

$$\delta_{12} = \delta_{21} = \delta_{22} = \delta_{23} = \delta_{20} = \delta_{32} = \delta_{30} = 0$$

x_1	x_3	b
$\dfrac{170{,}67}{EI}$	$-\dfrac{53{,}33}{EI}$	$0{,}01$
$-\dfrac{53{,}33}{EI}$	$\dfrac{21{,}33}{EI}$	0
$\dfrac{EI}{3.733}$	$\dfrac{EI}{1.493}$	

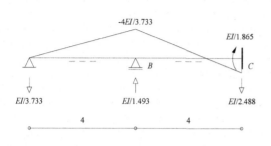

Auflagerreaktionen und Momentenverlauf

$$C_{(V)} = \frac{EI}{3.733} - \frac{EI}{1.493} = -\frac{EI}{2.488}$$

$$M_{(B)} = -\frac{EI}{3.733} \cdot 4$$

$$M_{(C)} = \frac{-EI}{3.733} \cdot 8 + \frac{EI}{1.493} \cdot 4 = \frac{EI}{1.865}$$

Beispiel 1.5.3

gegeben:

1–fach statisch unbestimmtes System

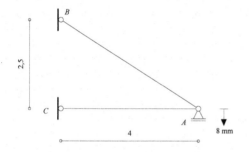

$$EA_{(A-C)} = 814.800 \text{ kn}$$

$$EA_{(A-B)} = 659.400 \text{ kn}$$

gesucht:

Normalkräfte und Auflagerreaktionen bei einer Absenkung von Lager A um 8 mm

Lösung:

$$\frac{EA_{(A-C)}}{EA_{(A-B)}} = 1,24$$

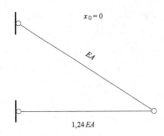

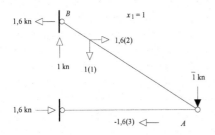

$S_{(A-B)} = 1{,}89$

$$EA\delta_{11} = \frac{1{,}6^2 \cdot 4}{1{,}24} + 1{,}89^2 \cdot 4{,}72 = 25{,}12$$

$$\delta_{10} = -1 \cdot 0{,}008 = -0{,}008$$

$$x_1 = \frac{0{,}008\,EA}{25{,}12} = 210$$

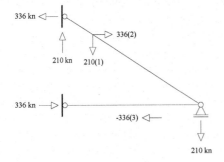

Auflagerreaktionen und Normal-kräfte

$S_{(A-B)} = 396$

Beispiel 1.5.4

gegeben:

1–fach statisch unbestimmtes System

Auflagerverdrehung Lager B

gesucht:

Auflagerreaktionen und Momentenverlauf

Lösung:

$y_{(0-4)} = -x$

$$v = \sum \int_0^l \overline{M} \frac{M}{EI} d_x + \overline{M} \cdot \phi$$

$$\delta_{11} = \int_0^4 \frac{(-x)^2}{EI} = \frac{21{,}33}{EI}$$

$$\delta_{10} = 4\phi$$

$$x_1 = \frac{-4\phi}{\frac{21,33}{EI}} = -\frac{\phi \cdot EI}{5,33}$$

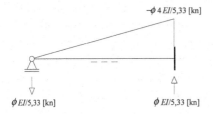

Auflagerreaktionen und Momentenverlauf

1.6 Federn

Beispiel 1.6.1

gegeben:

1–fach statisch unbestimmtes System

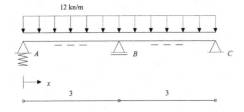

$EI = 2.163 \text{ knm}^2$

$c_F = 2.000 \text{ kn/m}$

gesucht:

Auflagerreaktionen, max Momente und Durchsenkung der Wegfeder

Lösung:

$x_0 = 0$ und $x_1 = 1$ siehe Beispiel 1.2.9

$$v = \sum \int_0^l \overline{M} \frac{M}{EI} d_x + \overline{F} \frac{F}{c_F}$$

$$\phi_{11} = \frac{2}{EI} + \frac{0,333^2}{2.000}$$

$$\phi_{10} = \frac{26{,}98}{EI} + \frac{0{,}333 \cdot 18}{2.000}$$

$$x_1 = -15{,}78$$

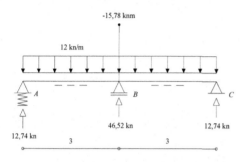

Auflagerreaktionen

$M_{(B)} = -15{,}78 \rightarrow A \cdot 3 - 12 \cdot 3 \cdot 1{,}5 = -15{,}78 \rightarrow A = 12{,}74 \text{ kn} = C_{(V)}$

$B = 12 \cdot 6 - 12{,}74 \cdot 2 = 46{,}52 \text{ kn}$

$x^0 \rightarrow 12{,}74 - 12 \cdot x^0 = 0 \rightarrow x^0 = 1{,}06 \text{ m}$

max Feldmoment $M_{(F)} = 12{,}74 \cdot 1{,}06 - 12 \cdot 1{,}06 \cdot 0{,}53 = 6{,}76$ knm

Durchsenkung der Wegfeder

$$c_F = \frac{P}{\varDelta_S} \rightarrow \varDelta_S = \frac{P}{c_F} = \frac{12{,}74}{2.000} = 0{,}00637 \text{ [m]}$$

Beispiel 1.6.2

gegeben:

1–fach statisch unbestimmtes System

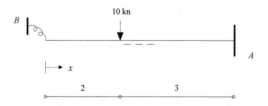

$EI = 5.229 \text{ knm}^2$

$c_M = 36.000 \text{ knm/rad}$

gesucht:

Momentenverlauf, $\phi_{(x=0)}$

Lösung:

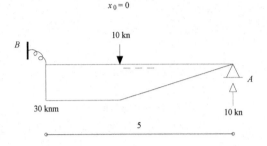

$A_{(V)} = 10 \text{ kn}$

$M_{(B)} = 10 \cdot 5 - 10 \cdot 2 = 30 \text{ knm}$

$y_{(0-2)} = -30$

$y_{(2-5)} = 10x - 50$

$y_{(0-5)} = -1$

$$v = \sum \int_0^l \overline{M}\, \frac{M}{EI}\, d_x + \overline{M}\, \frac{M}{c_M}$$

$$\phi_{11} = \int_0^5 \frac{(-1)^2}{EI} + \frac{1^2}{36.000} = \frac{5}{EI} + \frac{1}{36.000}$$

$$\phi_{10} = \int_0^2 \frac{-1 \cdot -30}{EI} + \int_2^5 \frac{-1 \cdot (10\,x - 50)}{EI} + \frac{1 \cdot 30}{36.000} = \frac{60 + 45}{EI} + \frac{30}{36.000}$$

$$x_1 = \frac{-\dfrac{105}{EI} - \dfrac{30}{36.000}}{\dfrac{5}{EI} + \dfrac{1}{36.000}} = -21{,}25$$

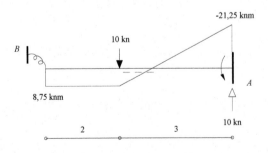

Momentenverlauf

$M_{(B)} = 10 \cdot 5 - 10 \cdot 2 - 21{,}25 = 8{,}75$ knm

$y_{(0-2)} = -8{,}75$

$y_{(2-5)} = 10x - 28{,}75$

$$\phi_{(x=0)} = \int_0^2 \frac{-1 \cdot -8,75}{EI} + \int_2^5 \frac{-1 \cdot (10\,x - 28,75)}{EI} = -0,00024 \quad [\text{rad}]$$

$\phi_{(x=0)}$ ist linksdrehend

Beispiel 1.6.3

gegeben:

3–fach statisch unbestimmtes System

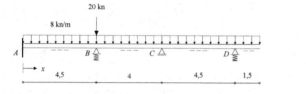

$$\varepsilon_{NB} = \frac{1,5\ m^3}{EI}$$

$$\varepsilon_{ND} = \frac{0,16\ m^3}{EI}$$

EI = konstant

gesucht:

Auflagerreaktionen, Querkraftverlauf, Durchsenkung der Wegfedern

Lösung:

$$c_{FB} = \frac{EI}{1,5\ m^3}$$

$$c_{FD} = \frac{EI}{0,16\ m^3}$$

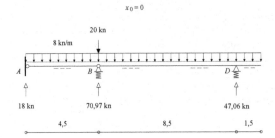

Auflagerreaktionen

$M_{(B)} = 0 \rightarrow D{\cdot}8{,}5 - 8{\cdot}10{\cdot}5 = 0 \rightarrow$
$D = 47{,}06$ kn

$A_{(V)} = 8{\cdot}4{,}5/2 = 18$ kn

$\sum V = 0 \rightarrow B = 8{\cdot}14{,}5 + 20 - 18 - 47{,}06 = 70{,}97$ kn

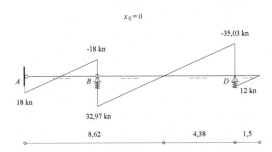

Querkraftverlauf

$Q_{(A)} = 18$ kn

$Q_{(B/links)} = 18 - 8{\cdot}4{,}5 = -18$ kn

$Q_{(B/rechts)} = -18 + 70{,}97 - 20 = 32{,}97$ kn

$Q_{(D/links)} = 32{,}97 - 8{\cdot}8{,}5 = -35{,}03$ kn

$Q_{(D/rechts)} = -35{,}03 + 47{,}06 = 12{,}0$ kn

$x^0{}_{(B-D)} \rightarrow 18 - 8{\cdot} x^0{}_{(B-D)} + 70{,}97 - 20 = 0 \rightarrow x^0{}_{(B-D)} = 8{,}62$

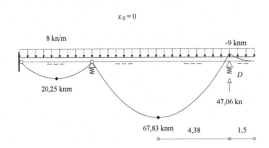

Momentenverlauf

$M_{(x=2{,}25)} = 8{\cdot}4{,}5^2/8 = 20{,}25$ knm

$M_{(x=8{,}62)} = 47{,}06{\cdot}4{,}38 - 8{\cdot}5{,}88{\cdot}2{,}94 = 67{,}83$ knm

$M_{(D)} = -8{\cdot}1{,}5{\cdot}0{,}75 = -9$ knm

$y_{(0-4{,}5)} = 4x^2 - 18x$

$y_{(4{,}5-13)} = 4x^2 - 69x + 229$

$y_{(13-14{,}5)} = 4x^2 - 116x + 841$

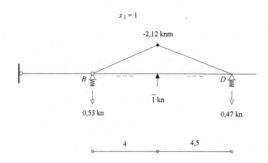

Momentenverlauf

$M_{(B)} = 0 \rightarrow D \cdot 8{,}5 + 1 \cdot 4 = 0 \rightarrow D = -0{,}47$ kn

$B = 0{,}47 - 1 = -0{,}53$ kn

$M_{(x=8{,}5)} = -0{,}47 \cdot 4{,}5 = -2{,}12$ kn

$y_{(4{,}5-8{,}5)} = 0{,}53x - 2{,}39$

$y_{(8{,}5-13)} = -0{,}47x + 6{,}12$

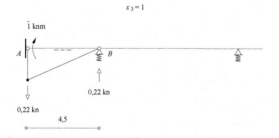

Momentenverlauf

$M_{(B,\text{rechts})} = 1 \rightarrow D \cdot 8{,}5 = 1 \rightarrow D = 0{,}12$ kn

$M_{(B,\text{links})} = 1 \rightarrow A_{(V)} \cdot 4{,}5 = 1 \rightarrow A_{(V)} = 0{,}22$ kn

$B = 0{,}22 + 0{,}12 = 0{,}34$ kn

$y_{(0-4{,}5)} = -0{,}222x$

$y_{(4{,}5-13)} = 0{,}118x - 1{,}53$

Momentenverlauf

$M_{(A,\text{rechts})} = 1 \rightarrow B \cdot 4{,}5 = 1 \rightarrow B = 0{,}22$ kn

$A_{(V)} = 0{,}22$ kn

$y_{(0-4{,}5)} = 0{,}222x - 1$

$$v = \sum \int_0^l \overline{M} \frac{M}{EI} d_x + \overline{F} \frac{F}{c_F}$$

$$\delta_{11} = \int_{4{,}5}^{8{,}5} \frac{(0{,}53x - 2{,}39)^2}{EI} + \int_{8{,}5}^{13} \frac{(-0{,}47x + 6{,}12)^2}{EI} + \frac{0{,}53^2}{\dfrac{EI}{1{,}5}} + \frac{0{,}47^2}{\dfrac{EI}{0{,}16}} = \frac{13{,}22}{EI}$$

$$\phi_{33} = \int_0^{4,5} \frac{(0,222x-1)^2}{EI} + \frac{0,22^2}{\frac{EI}{1,5}} = \frac{1,59}{EI}$$

$$\delta_{12} = \int_{4,5}^{8,5} \frac{(0,53x-2,39)\cdot(0,118x-1,53)}{EI} + \int_{8,5}^{13} \frac{(-0,47x+6,12)\cdot(0,118x-1,53)}{EI} + \frac{0,53\cdot0,34}{\frac{EI}{1,5}}$$

$$+ \frac{0,47\cdot-0,12}{\frac{EI}{0,16}} = \frac{-4,31}{EI}$$

$$\delta_{13} = \frac{0,53\cdot-0,22}{\frac{EI}{1,5}} = \frac{-0,175}{EI}$$

$$\delta_{22} = \int_0^{4,5} \frac{(-0,222x)^2}{EI} + \int_{4,5}^{13} \frac{(0,118x-1,53)^2}{EI} + \frac{0,34^2}{\frac{EI}{1,5}} + \frac{0,12^2}{\frac{EI}{0,16}} = \frac{4,29}{EI}$$

$$\delta_{10} = \int_{4,5}^{8,5} \frac{(0,53x-2,39)\cdot(4x^2-69x+229)}{EI} + \int_{8,5}^{13} \frac{(-0,47x+6,12)\cdot(4x^2-69x+229)}{EI}$$

$$+ \frac{0,53\cdot-70,97}{\frac{EI}{1,5}} + \frac{0,47\cdot-47,06}{\frac{EI}{0,16}} = \frac{-569,5}{EI}$$

$$\phi_{32} = \int_0^{4,5} \frac{-0,222x\cdot(0,222x-1)}{EI} + \frac{0,34\cdot-0,22}{\frac{EI}{1,5}} = \frac{0,64}{EI}$$

$$\phi_{30} = \int_0^{4,5} \frac{(0,222x-1)\cdot(4x^2-18x)}{EI} + \frac{-0,22\cdot-70,97}{\frac{EI}{1,5}} = \frac{53,83}{EI}$$

$$\phi_{20} = \int_0^{4,5} \frac{-0,222x\cdot(4x^2-18x)}{EI} + \int_{4,5}^{13} \frac{(0,118x-1,53)\cdot(4x^2-69x+229)}{EI} + \frac{0,34\cdot-70,97}{\frac{EI}{1,5}}$$

$$+ \frac{-0,12\cdot-47,06}{\frac{EI}{0,16}} = \frac{189}{EI}$$

$x_1 = 44,3$

$x_2 = 5,12$

$x_3 = -31,03$

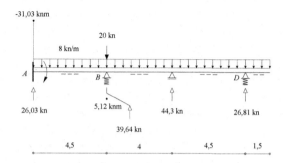

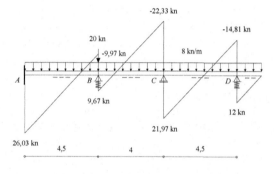

$M_{(B)} = 5{,}12 \rightarrow D \cdot 8{,}5 - 8 \cdot 10 \cdot 5 + 44{,}3 \cdot 4 = 5{,}12 \rightarrow D = 26{,}81$ kn

$M_{(B)} = 5{,}12 \rightarrow A_{(V)} \cdot 4{,}5 - 31{,}03 - 8 \cdot 4{,}5 \cdot 2{,}25 = 5{,}12 \rightarrow A_{(V)} = 26{,}03$ kn

$B = 26{,}03 + 44{,}3 + 26{,}03 - 20 - 8 \cdot 14{,}5 = -39{,}64$ kn

Querkraftverlauf

$Q_{(A)} = 26{,}03$ kn

$Q_{(B/links)} = 26{,}03 - 8 \cdot 4{,}5 = -9{,}97$ kn

$Q_{(B/rechts)} = -9{,}97 + 39{,}64 - 20 = 9{,}67$ kn

$Q_{(C/links)} = 9{,}67 - 8 \cdot 4 = -22{,}33$ kn

$Q_{(C/rechts)} = -22{,}33 + 44{,}3 = 21{,}97$ kn

$Q_{(D/links)} = 8 \cdot 1{,}5 - 26{,}81 = -14{,}81$ kn

$Q_{(D/rechts)} = 8 \cdot 1{,}5 = 12$ kn

Durchsenkungen der Wegfedern

$$\Delta_{SB} = \frac{39{,}64}{\dfrac{EI}{1{,}5}} \, [m]$$

$$\Delta_{SD} = \frac{26{,}81}{\dfrac{EI}{0{,}16}} \, [m]$$

1.7 Temperatureinflüsse

Beispiel 1.7.1

gegeben:

1–fach statisch unbestimmtes System

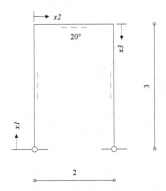

Der Riegel erfährt eine gleichmäßige Erwärmung von $T_S = 20°$ (T_S = Temperatur in der Stabachse).

Wärmedehnzahl $\alpha_T = 1{,}2 \cdot 10^{-5}$ mm/(mm·K)

EI = konstant

gesucht:

Auflagerreaktionen, Momentenverlauf, Normalkraftverlauf

Lösung:

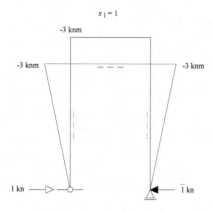

Momentenverlauf

$y_{1(0-3)} = x$

$y_{2(0-2)} = 3$

$y_{3(0-3)} = -x + 3$

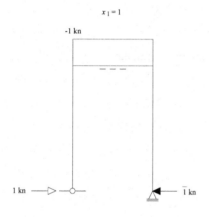

Normalkraftverlauf

$$v = \sum \int_0^l \overline{M} \frac{M}{EI} d_x + \sum \int_0^l \overline{N} T_S \alpha_T d_x$$

$$\delta_{11} \cdot x_1 + \delta_{10} = 0$$

$$EI\delta_{11} = \int_0^3 x^2 + \int_0^2 3^2 + \int_0^3 (-x+3)^2 = 36$$

$$\delta_{10} = \int_0^2 -\overline{1} \cdot 20 \cdot 1{,}2 \cdot 10^{-5} = -0{,}00048$$

$$x_1 = \frac{EI}{75.000}$$

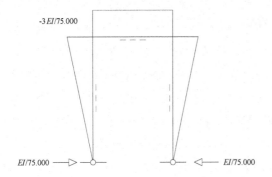

Auflagerreaktionen und Momentenverlauf

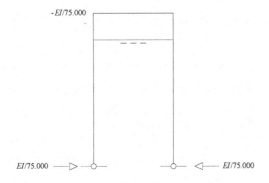

Normalkraftverlauf

Beispiel 1.7.2

gegeben:

1–fach statisch unbestimmtes System

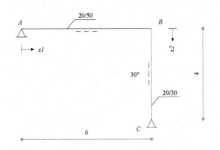

$E = 30.500$ N/mm^2

gleichmäßige Erwärmung von $S_{(B–C)}$, $T_S = 30°$

$\alpha_T = 1{,}0 \cdot 10^{-5}$ mm/(mm·K)

gesucht:

Auflagerreaktionen, Momentenverlauf

Lösung:

$I_{(A-B)} = 0{,}2{\cdot}0{,}53/12 = 0{,}00208\ \mathrm{m}^4$

$I_{(B-C)} = 0{,}2{\cdot}0{,}33/12 = 0{,}00045\ \mathrm{m}^4$

$I_{(A-B)}/I_{(B-C)} = 208/45 = 4{,}62$

$EI = 13.725\ \mathrm{knm}^2$

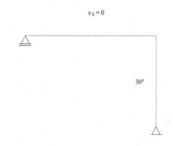

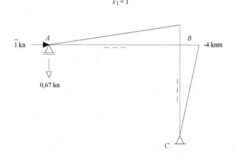

Momentenverlauf

$M_{(C)} = 0 \rightarrow -A_{(V)}{\cdot}6 + 1{\cdot}4 = 0 \rightarrow$
$A_{(V)} = 0{,}67\ \mathrm{kn}$

$M_{(B)} = -0{,}67{\cdot}6 = -4{,}0\ \mathrm{knm}$

$y_{1(0-6)} = 0{,}67x$

$y_{2(0-4)} = -x + 4$

$$v = \sum \int_0^l \overline{M}\,\frac{M}{EI}\,d_x + \sum \int_0^l \overline{N} T_S \alpha_T\, d_x$$

$$EI\delta_{11} = \int_0^6 \frac{(0{,}67x)^2}{4{,}62} + \int_0^4 (-x+4)^2 = 28{,}33$$

$$\delta_{10} = -0{,}67 \cdot 30 \cdot 1{,}0 \cdot 10^{-5} \cdot 4 = \frac{-1}{1.244}$$

$$x_1 = \frac{EI}{35.242} = 0{,}39$$

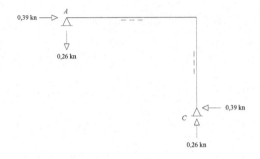

Auflagerreaktionen

$M_{(C)} = 0 \rightarrow -A_{(V)}\cdot6 + 0,39\cdot4 = 0$

$\rightarrow A_{(V)} = 0,26$ kn

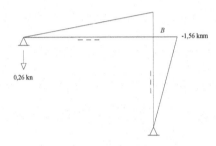

Momentenverlauf

$M_{(B)} = -0,26\cdot6 = -1,56$ knm

Beispiel 1.7.3

gegeben:

wie Beispiel 1.7.2

ungleichmäßige Erwärmung von $S_{(B-C)}$, $T_u - T_o = 20°$

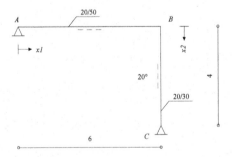

gesucht:

Auflagerreaktionen, Momentenverlauf

Lösung:

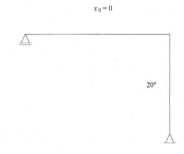

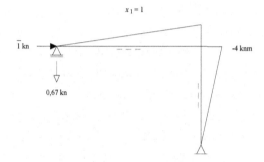

$$v = \sum \int_0^l \overline{M}\frac{M}{EI}d_x + \sum \int_0^l \overline{M}\frac{T_u - T_o}{h}\alpha_T d_x$$

$$\delta_{11} = \int_0^6 \frac{(0,67x)^2}{4,62EI} + \int_0^4 \frac{(-x+4)^2}{EI} = \frac{28,33}{EI}$$

$$\delta_{10} = \int_0^4 (-x+4)\frac{20}{0,3}1,0\cdot 10^{-5} = \frac{1}{187,5}$$

$$x_1 = -\frac{EI}{5.312} = -2,58$$

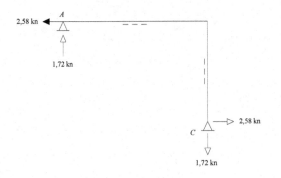

Auflagerreaktionen

$M_{(C)} = 0 \rightarrow A_{(V)} \cdot 6 - 2{,}58 \cdot 4 = 0 \rightarrow$

$A_{(V)} = 1{,}72$ kn

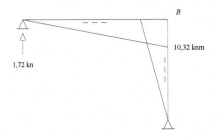

Momentenverlauf

$M_{(B)} = 1{,}72 \cdot 6 = 10{,}32$ knm

Beispiel 1.7.4

gegeben:

1–fach statisch unbestimmtes System

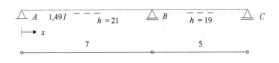

E = konstant

ungleichmäßige Erwärmung der Stäbe $S_{(A-B)}$ und $S_{(B-C)}$, $T_u - T_o = -30°$

$\alpha_T = 1{,}2 \cdot 10^{-5}$ mm/(mm·K)

gesucht:

Auflagerreaktionen, Momentenverlauf

Lösung:

$x_0 = 0$

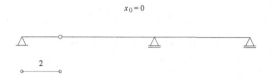

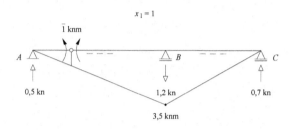

Momentenverlauf

$M_{(x=2)} = 1 \rightarrow A_{(V)} \cdot 2 = 1 \rightarrow A_{(V)} = 0,5$ kn

$M_{(C)} = 0 \rightarrow -B \cdot 5 + 0,5 \cdot 12 = 0 \rightarrow B = 1,2$ kn

$C = 1,2 - 0,5 = 0,7$ kn

$M_{(B)} = 0,7 \cdot 5 = 3,5$ knm

$y_{(0-7)} = -0,5x$

$y_{(7-12)} = 0,7x - 8,4$

$$v = \sum \int_0^l \overline{M}\frac{M}{EI}d_x + \sum \int_0^l \overline{M}\frac{T_u - T_o}{h}\alpha_T d_x$$

$$\phi_{11} = \int_0^7 \frac{(-0,5x)^2}{1,49EI} + \int_7^{12} \frac{(0,7x - 8,4)^2}{EI} = \frac{39,6}{EI}$$

$$\phi_{10} = \int_0^7 -0,5x\frac{-30}{0,21}1,2\cdot10^{-5} + \int_7^{12}(0,7x - 8,4)\frac{-30}{0,19}1,2\cdot10^{-5} = \frac{1}{26,61}$$

$$x_1 = -\frac{EI}{1.054}$$

Auflagerreaktionen

$$M_{(x=2)} = -\frac{EI}{1.054} \rightarrow -A_{(V)} \cdot 2$$

$$= -\frac{EI}{1.054} \rightarrow A_{(V)} = \frac{EI}{2.108}$$

$$M_{(C)} = 0 \rightarrow B \cdot 5 - \frac{12 EI}{2.108} = 0$$

$$\rightarrow B = \frac{EI}{878}$$

$$C = \frac{EI}{2.108} - \frac{EI}{878} = -\frac{EI}{1.505}$$

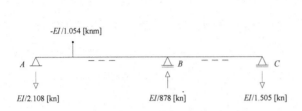

-EI/1.054 [knm]

A   B   C

EI/2.108 [kn]   EI/878 [kn]   EI/1.505 [kn]

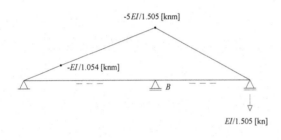

-5EI/1.505 [knm]

-EI/1.054 [knm]

B

EI/1.505 [kn]

Momentenverlauf

$$M_{(B)} = -\frac{5 EI}{1.505}$$

Beispiel 1.7.5

gegeben:

3–fach statisch unbestimmtes System

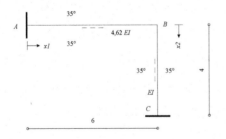

gleichmäßige Erwärmung der Stäbe $S_{(A-B)}$ und $S_{(B-C)}$

$\alpha_T = 1{,}0 \cdot 10^{-5}$ mm/(mm·K)

$EI = 13.725$ knm^2

gesucht:

Auflagerreaktionen, Momentenverlauf

Lösung:

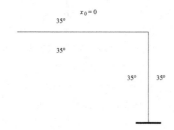

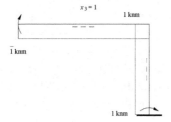

Momentenverlauf

$$y_{1(0-6)} = -x$$
$$y_{2(0-4)} = -6$$

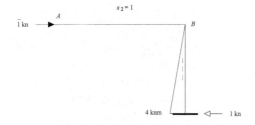

Momentenverlauf

$$S_{(A-B)} = -1 \text{ kn}$$
$$y_{2(0-4)} = -x$$

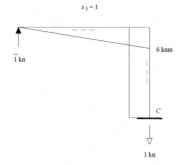

Momentenverlauf

$$y_{1(0-6)} = -1$$
$$y_{2(0-4)} = -1$$

$$EI\delta_{11} = \int\limits_0^6 \frac{(-x)^2}{4,62} + \int\limits_0^4 (-6) = 159,58$$

$$EI\delta_{12} = EI\delta_{21} = \int\limits_0^4 -6\cdot -x = 48$$

$$EI\delta_{13} = EI\phi_{31} = \int\limits_0^6 \frac{-x\cdot -1}{4,62} + \int\limits_0^4 -6\cdot - = 27,9$$

$$EI\delta_{10} = 1\cdot 35\cdot 1,0\cdot 10^{-5}\cdot 4 = 0,0014$$

$$EI\delta_{22} = \int\limits_0^4 -x^2 = 21,33$$

$$EI\delta_{23} = EI\phi_{32} = \int\limits_0^4 -x\cdot -1 = 8$$

$$EI\delta_{20} = -1\cdot 35\cdot 1,0\cdot 10^{-5}\cdot 6 = -0,0021$$

$$EI\phi_{33} = \int\limits_0^6 \frac{(-1)^2}{4,62} + \int\limits_0^4 (-1)^2 = 5,3$$

$$EI\phi_{30} = 0$$

$$x_1 = -4,18$$
$$x_2 = 5,77$$
$$x_3 = 13,3$$

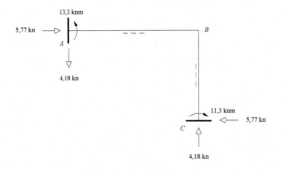

Auflagerreaktionen

$M_{(C)} = 13,3 + 5,77\cdot 4 - 4,18\cdot 6 =$ 11,3 knm

$C_{(V)} = -A_{(V)} = 4,18$ kn

$C_{(H)} = -A_{(H)} = 5,77$ kn

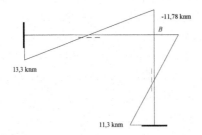

Momentenverlauf

$M_{(B)} = 13,3 - 4,18\cdot 6 = -11,78$ knm

2 Das Weggrößenverfahren

Beispiele zur Momentenberechnung

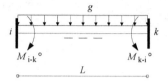

$$M_{i-k}{}^\circ = M_{k-i}{}^\circ - \frac{g \cdot L^2}{12}$$

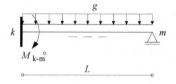

$$M_{k-m}{}^\circ = -\frac{g \cdot L^2}{8}$$

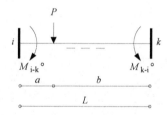

$$M_{i-k}{}^\circ = -\frac{a}{L} \cdot \left(\frac{b}{L}\right)^2 \cdot P \cdot L$$

$$M_{k-i}{}^\circ = -\left(\frac{a}{L}\right)^2 \cdot \frac{b}{L} \cdot P \cdot L$$

$$M_{k-m}{}^\circ = -\frac{1-\left(\dfrac{b}{L}\right)^2}{2} \cdot b \cdot P$$

Festlegungen

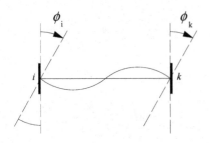

Knotendrehwinkel

ϕ ist positiv, wenn in Uhrzeigersinn drehend.

Stabdrehwinkel

v ist positiv, wenn gegen Uhrzeigersinn drehend.

Stabendmomente

M_{i-k}, M_{k-i} und M_{k-m} sind positiv, wenn in Uhrzeigersinn drehen

Zusammenfassung

$$M_{i-k} = M_{i-k}{}^{\circ} + EI\frac{4\phi_i + 2\phi_k + 6v_{k-i}}{L_{k-i}}$$

$$M_{k-i} = M_{k-i}{}^{\circ} + EI\frac{4\phi_k + 2\phi_i + 6v_{k-i}}{L_{k-i}}$$

$$M_{k-m} = M_{k-m}{}^{\circ} + EI\frac{3\phi_K + 3v_{m-k}}{L_{m-k}}$$

Vorgehensweise:

1. nicht lösbares statisch unbestimmtes System mit Hilfe virtueller Einspannung (3-wertiges Lager) in lösbare "Teilsysteme" zerlegen,
2. die virtuelle Einspannung mit Moment, gegen den Uhrzeigersinn drehend, versehen (die FBL bestimmt das Vorzeichen, welches mit dem Vorzeichen aus Lastfall $M_{i-k}°$, $M_{k-i}°$ und $M_{k-m}°$ multipliziert wird und ersetzt das Vorzeichen aus Lastfall $M_{i-k}°$, $M_{k-i}°$ und $M_{k-m}°$),

Beispiel zu 1. und 2.

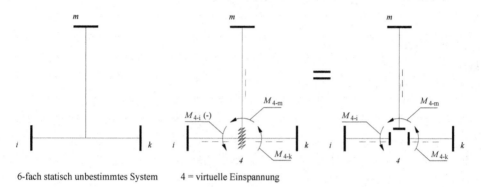

6-fach statisch unbestimmtes System   4 = virtuelle Einspannung

3. nach obiger Zusammenfassung Gleichungen erstellen, deren Anzahl dem der Unbekannten entsprechen,
4. das Vorzeichen von M_{i-k}, M_{k-i} und M_{k-m} gibt die Drehrichtung an und die FBL bestimmt das Vorzeichen,
5. Stabendmomente in negative Richtung, bezogen auf die FBL, antragen,
6. Stabendmomente sind positiv, wenn sie in Uhrzeigersinn drehen,

Beispiel zu 5. und 6.

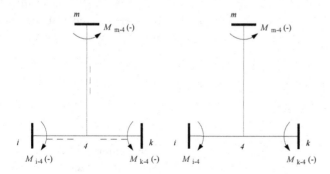

7. das Vorzeichen aus 6. wird mit dem Vorzeichen aus Lastfall $M_{i-k}°$, $M_{k-i}°$ und $M_{k-m}°$ multipliziert und ersetzt das Vorzeichen aus Lastfall $M_{i-k}°$, $M_{k-i}°$ und $M_{k-m}°$,

8. das Vorzeichen der Momente M_{i-k}, M_{k-i} und M_{k-m} gibt die tatsächliche Drehrichtung (5.) an.

2.1 Lagerverformungen: Verdreh- und Verschiebungsgrößen sowie Schnittgrößenermittlungen

Beispiel 2.1.1

gegeben:

1–fach statisch unbestimmtes System

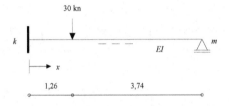

$EI = 3.507 \text{ knm}^2$

gesucht:

Lagerhebung m für $M_{k-m} = 0$, Auflagerreaktionen, Momentenverlauf

Lösung:

$M_{k-m}°$ ist bestimmbar (1. bis 4. entfällt)

5. M_{k-m} in negative Richtung, bezogen auf die FBL, antragen (FBL wird gedrückt, siehe Erläuterung)

6. Stabendmomente sind positiv, wenn in Uhrzeigersinn drehend → M_{k-m} ist positiv

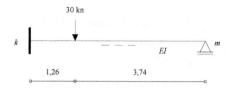

$$M_{k-m} = M_{k-m}° + EI\frac{3\phi_K + 3v_{m-k}}{L_{m-k}}$$

$$M_{k-m}° = -\frac{1-\left(\frac{b}{L}\right)^2}{2}\cdot b \cdot P = -\frac{1-\left(\frac{3,74}{5}\right)^2}{2}\cdot 3,74\cdot 30 = -24,71\,\text{knm}$$

Minus $(-24,71)$ · Plus (6.) = Minus (7.) → $M_{k-m}° = -24,71$ knm

Knotendrehwinkel $\phi_k = \phi_{(x=0)} = 0$

Stabdrehwinkel $v_{k-m} = 0$

$$M_{k-m} = -24,71 + EI\frac{3\cdot 0 + 3\cdot 0}{5} = -24,71\,\text{knm}$$

8. negatives Vorzeichen $(-24,71$ knm) → Änderung der Drehrichtung (5.)
6. Stabendmomente sind positiv, wenn in Uhrzeigersinn drehend → $M_{k-m} = -24,71$ knm

Momentenverlauf

Annahme:

m wird 1 mm angehoben

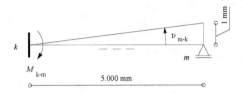

5. $M_{k–m}$ in negative Richtung, bezogen auf die FBL, antragen

6. Stabendmomente sind positiv, wenn in Uhrzeigersinn drehend → $M_{k–m}$ ist positiv

$$M_{k-m} = M_{k-m}{}^\circ + EI\,\frac{3\phi_K + 3\upsilon_{m-k}}{L_{m-k}}$$

$M_{k-m}{}^\circ = 0$

Knotendrehwinkel $\phi_k = \phi_{(x=0)} = 0$

Stabdrehwinkel $\upsilon_{m-k} = \dfrac{1\,\text{mm}}{5.000\,\text{mm}}$ (υ ist positiv, wenn gegen Uhrzeigersinn drehend)

$$M_{k-m} = 0 + EI\left(\frac{3\cdot 0 + 3\cdot \dfrac{1}{5.000}}{5}\right) = \frac{3EI}{25.000}\,[\text{knm}]$$

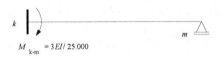

8. positives   Vorzeichen (3EI/25.000) → keine Änderung der Drehrichtung

6. Stabendmomente sind positiv, wenn in Uhrzeigersinn drehend → $M_{k–m}$ ist positiv

Momentenverlauf

$3\,EI/\,25.000$

$$\frac{1\,\text{mm}}{\left(\dfrac{3EI}{25.000}\right)[\text{knm}]} = \frac{x\,[\text{mm}]}{24{,}71\,\text{knm}} \rightarrow x = \frac{205.917}{EI}\,[\text{mm}]$$

Für $M_{k-m} = 0$ muss $m = \dfrac{205.917}{3.507} = 58{,}71\,\text{mm}$ angehoben werden

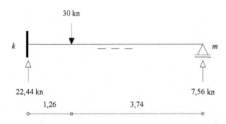

Auflagerreaktionen

$M_{k-m} = 0 \rightarrow m{\cdot}5\ \text{m} - 30\ \text{kn}{\cdot}1{,}26$

$\text{m} = 0 \rightarrow m = 7{,}56\ \text{kn}$

$k_{(V)} = 30\ \text{kn} - 7{,}56\ \text{kn} = 22{,}44\ \text{kn}$

$k_{(H)} = 0$

$k_{(M)} = 0$

Momentenverlauf

$M_{(x=1{,}26)} = 7{,}56\ \text{kn}{\cdot}3{,}74\ \text{m} = 28{,}27\ \text{knm}$

Beispiel 2.1.2

gegeben:

1–fach statisch unbestimmtes System

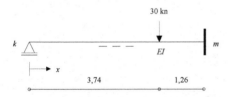

gesucht:

Lagerhebung k für $M_{(x=3{,}74)} = 0$, Auflagerreaktionen, Momentenverlauf

Lösung:

5. M_{m-k} in negative Richtung, bezogen auf die FBL, antragen
6. Stabendmomente sind positiv, wenn in Uhrzeigersinn drehend → M_{m-k} ist negativ

$$M_{m-k} = M_{m-k}° + EI\frac{3\phi_m + 3\upsilon_{m-k}}{L_{m-k}}$$

$$M_{m-k}° = -\frac{1-\left(\dfrac{b}{L}\right)^2}{2} \cdot b \cdot P = -\frac{1-\left(\dfrac{3,74}{5}\right)^2}{2} \cdot 3,74 \cdot 30 = -24,71\,\text{knm}$$

Minus $(-24,71)\cdot$Minus $(6.)$ = Plus $(7.)$ → $M_{m-k}° = 24,71$ knm

$$\phi_m = \phi_{(x=5)} = 0$$

$$\upsilon_{m-k} = 0$$

$$M_{m-k} = 24,71 + EI\frac{3\cdot 0 + 3\cdot 0}{5} = 24,71\,\text{knm}$$

positives Vorzeichen → keine Änderung der Drehrichtung

-24,71 knm

6. Stabendmomente sind positiv, wenn in Uhrzeigersinn drehend → $M_{m-k} = -24,71$ knm

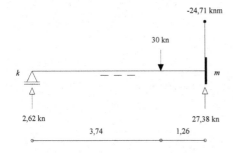

-24,71 knm

30 kn

2,62 kn   27,38 kn

3,74   1,26

Auflagerreaktionen

$M_{m-k} = -24,71$ knm → $k \cdot 5$ m $- 30$ kn$\cdot 1,26$ m $= -24,71$ knm

$k = 2,62$ kn

$m_{(V)} = 30$ kn $- 2,62$ kn $= 27,38$ kn

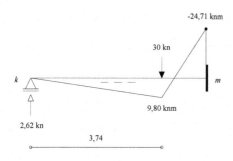

Momentenverlauf

$M_{(x=3,74)} = 2,62$ kn·3,74 m = 9,80 knm

Annahme:

k wird 1 mm angehoben

5. M_{m-k} in negative Richtung, bezogen auf die FBL, antragen
6. Stabendmomente sind positiv, wenn in Uhrzeigersinn drehend → M_{m-k} ist negativ

$$M_{m-k} = M_{m-k}^{\circ} + EI\,\frac{3\phi_m + 3\upsilon_{m-k}}{L_{m-k}}$$

$$M_{m-k}^{\circ} = 0$$

$$\phi_m = 0$$

$$\upsilon_{m-k} = -\frac{1\,\text{mm}}{5.000\,\text{mm}}\quad(\upsilon\ \text{ist positiv, wenn gegen Uhrzeigersinn drehend})$$

$$M_{m-k} = 0 + EI\left(\frac{3\cdot0+3\cdot\dfrac{-1}{5.000}}{5}\right) = \frac{-3EI}{25.000}$$

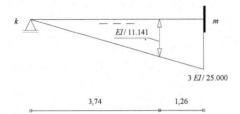

$$M_{m-k} = \frac{3EI}{25.000} \, [\text{knm}]$$

$$M_{(x=3,74)} \rightarrow \frac{\dfrac{3EI}{25.000} \, [\text{knm}]}{5 \, \text{m}} = \frac{M_{(x=3,74)}}{3,74 \, \text{m}} \rightarrow M_{(x=3,74)} = \frac{EI}{11.141} \, [\text{knm}]$$

→ es ist eine Lagerabsenkung nötig, um ein negatives Moment an der Stelle $x=3,74$ zu erzeugen

$$\frac{1 \, \text{mm}}{\left(\dfrac{EI}{11.141}\right)} = \frac{x \, [\text{mm}]}{9,80 \, \text{knm}} \rightarrow x = \frac{109.182}{EI}$$

für $M_{(x=3,74)} = 0$ muss $k = \dfrac{109.182}{EI}$ abgesenkt werden

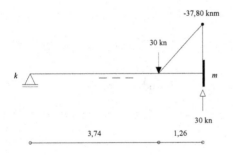

Auflagerreaktionen und Momentenverlauf

$M_{(x=3,74)} = 0 \rightarrow k = 0$

$m_{(V)} = 30 \, \text{kn}$

$M_{m-k} = -30 \, \text{kn} \cdot 1,26 \, \text{m} = -37,80 \, \text{knm}$

Beispiel 2.1.3

gegeben:

2–fach statisch unbestimmtes System

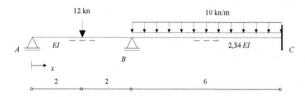

gesucht:

Verdrehung ϕ_B, Auflagerreaktionen, Querkraftverlauf, Momentenverlauf

Lösung:

virtuelle Einspannung B

1. nicht lösbares statisch unbestimmtes System, mit Hilfe virtueller Einspannung (3-wertiges Lager), in lösbare "Teilsysteme" zerlegen,

2. die virtuelle Einspannung mit Moment, gegen den Uhrzeigersinn drehend, versehen

$$M_{\mathrm{B-A}} = M_{\mathrm{B-A}}{}^{\circ} + EI\,\frac{3\phi_\mathrm{B} + 3\upsilon_{\mathrm{B-A}}}{L_{\mathrm{B-A}}}$$

$$M_{\mathrm{B-A}}{}^{\circ} = -\frac{1-\left(\dfrac{2}{4}\right)^2}{2}\cdot 2\cdot 12 = -9$$

$-9\cdot - (\text{gedrückte FBL}) = +9$

ϕ_B = unbekannt

$v_\text{B-A} = 0$

$M_\text{B-A} = 9 + EI\dfrac{3\phi_\text{B}}{4}$

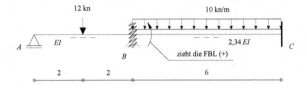

$M_\text{B-C} = M_\text{B-C}{}^\circ + EI\dfrac{4\phi_\text{B} + 2\phi_\text{C} + 6v_\text{C-B}}{L_\text{C-B}}$

$M_\text{B-C}{}^\circ = \dfrac{-10\cdot 6^2}{12} = -30$

$-30\cdot + \text{(gezogene FBL)} = -30$

ϕ_B = unbekannt

$\phi_\text{C} = 0$

$v_\text{C-B} = 0$

$M_\text{B-C} = -30 + 2{,}34EI\dfrac{4\phi_\text{B}}{6}$

$M_\text{B-A} + M_\text{B-C} = 0$

$9 + EI\dfrac{3\phi_\text{B}}{4} - 30 + 2{,}34EI\dfrac{4\phi_\text{B}}{6} = 0$

$\phi_\text{B} = \dfrac{21}{2{,}31EI}$ (rechtsdrehend)

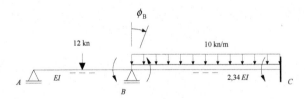

$M_\text{B-A} = 9 + EI\dfrac{3\dfrac{21}{2{,}31EI}}{4} = 15{,}82$

keine Änderung der Drehrichtung → $M_{B-A} = -15,82$ (FBL wird gedrückt)

$$M_{B-C} = -30 + 2,34EI \frac{4\dfrac{21}{2,31EI}}{6} = -15,82$$

Änderung der Drehrichtung → $M_{B-C} = -15,82$ (FBL wird gedrückt)

Stabendmoment

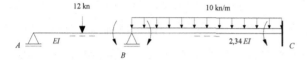

$$M_{C-B} = \frac{10 \cdot 6^2}{12} + 2,34EI \frac{4\phi_C + 2\phi_B + 6\upsilon_{C-B}}{L_{C-B}} = 2,34EI \frac{4 \cdot 0 + 2\dfrac{21}{2,31EI} + 6 \cdot 0}{6} = 37,09$$

keine Änderung der Drehrichtung → $M_{C-B} = -37,09$ (Stabendmomente sind negativ, wenn sie gegen den Uhrzeigersinn drehen)

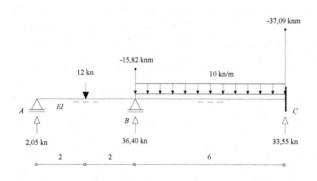

Auflagerreaktionen

$M_{(B)} = -15,82$ knm → $A \cdot 4$ m − 12 kn·2 m = −15,82 knm → $A = 2,05$ kn

$M_{(B)} = -15,82$ knm → $C_{(V)}\cdot 6$ m − 37,09 knm − 10 kn/m·6 m·3 m = −15,82 knm → $C_{(V)} = 33,55$ kn

$\sum V = 0$ → $B = 12$ kn + 10 kn /m·6 m − 2,05 kn − 33,55 kn = 36,40 kn

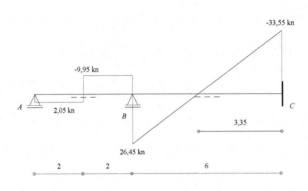

Querkraftverlauf

$Q_{(A/rechts)} = 2{,}05$ kn

$Q_{(x=2/rechts)} = 2{,}05$ kn $- 12$ kn $= -9{,}95$ kn

$Q_{(B/rechts)} = -9{,}95$ kn $+ 36{,}4$ kn $= 26{,}45$ kn

$Q_{(C/links)} = 26{,}45 - 10$ kn/m$\cdot6$ m $= -33{,}55$ kn

Querkraftnullstelle $S_{(B-C)}$

$-33{,}55$ kn $(C_{(V)}) + 10$ kn/m$\cdot x^0 = 0$

$\rightarrow x^0 = 3{,}35$ m

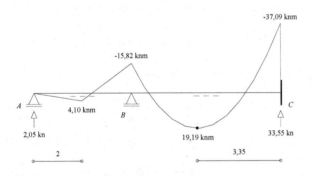

Momentenverlauf

$M_{(x=2)} = 2{,}05$ kn$\cdot2$ m $= 4{,}10$ knm

$M_{(x=6{,}65)} = 33{,}55$ kn$\cdot3{,}35$ m $- 37{,}09$ knm $- 10$ kn/m$\cdot3{,}35$ m$\cdot3{,}35$ m/2 $= 19{,}19$ knm

Beispiel 2.1.4

gegeben:

6–fach statisch unbestimmtes System

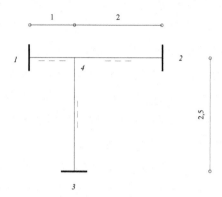

$S_{(3-4)}$ erfährt eine Erwärmung, wodurch sich Punkt *4* 0,8 mm nach oben verschiebt.

EI = konstant = 5.229 knm²

gesucht:

Momentenverlauf

Lösung:

1. nicht lösbares statisch unbestimmtes System, mit Hilfe virtueller Einspannung (3-wertiges Lager), in lösbare "Teilsysteme" zerlegen,
2. die virtuelle Einspannung mit Moment, gegen den Uhrzeigersinn drehend, versehen

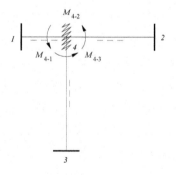

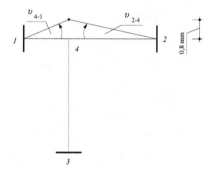

$$M_{4-1} = M_{4-1}{}° + EI\frac{4\phi_4 + 2\phi_1 + 6\upsilon_{4-1}}{L_{4-1}}$$

$$M_{4-1}{}° = 0$$

$$\phi_1 = 0$$

$\phi_4 =$ unbekannt

$$v_{4-1} = \frac{0,8 \text{ mm}}{1.000 \text{ mm}}$$

$$M_{4-1} = 0 + EI\,\frac{4\phi_4 + 2 \cdot 0 + 6\dfrac{0,8}{1.000}}{1}$$

$$M_{4-1} = EI\left(4\phi_4 + \frac{4,8}{1.000}\right)$$

$$M_{4-2} = M_{4-2}{}^\circ + EI\,\frac{4\phi_4 + 2\phi_2 + 6v_{2-4}}{L_{2-4}}$$

$$M_{4-2}{}^\circ = 0$$

$$\phi_2 = 0$$

$\phi_4 =$ unbekannt

$$v_{2-4} = -\frac{0,8 \text{ mm}}{2.000 \text{ mm}}$$

$$M_{4-2} = 0 + EI\,\frac{4\phi_4 + 2 \cdot 0 + 6\dfrac{-0,8}{2.000}}{2}$$

$$M_{4-2} = EI\left(2\phi_4 - \frac{4,8}{4.000}\right)$$

$$M_{4-3} = M_{4-3}{}^{\circ} + EI\frac{4\phi_4 + 2\phi_3 + 6\upsilon_{4-3}}{L_{4-3}}$$

$$M_{4-3}{}^{\circ} = 0$$

$$\phi_3 = 0$$

$$\phi_4 = \text{unbekannt}$$

$$\upsilon_{4-3} = 0$$

$$M_{4-3} = EI\frac{4\phi_4}{2,5}$$

$$M_{4-1} + M_{4-2} + M_{4-3} = 0 \rightarrow EI\left(4\phi_4 + \frac{4,8}{1.000}\right) + EI\left(2\phi_4 - \frac{4,8}{4.000}\right) + \frac{4EI \cdot \phi_4}{2,5} = 0$$

$$\rightarrow \frac{38EI \cdot \phi_4}{5} = -\frac{9EI}{2.500}$$

$$\phi_4 = -\frac{9}{19.000} \rightarrow \phi_4 \text{ ist linksdrehend}$$

$$M_{4-1} = EI\left(4\frac{-9}{19.000} + \frac{4,8}{1.000}\right) = 15,20\,\text{knm}$$

$$M_{4-1} = -15,20 \text{ knm (FBL wird gedrückt)}$$

$$M_{4-2} = EI\left(2\frac{-9}{19.000} - \frac{4,8}{4.000}\right) = -11,22\,\text{knm}$$

→ Änderung der Drehrichtung

$M_{4-2} = -11,22$ knm (FBL wird gedrückt)

$$M_{4-3} = EI \left(\frac{4 \dfrac{-9}{19.000}}{2,5} \right) = -3,96 \, \text{knm}$$

→ Änderung der Drehrichtung

$M_{4-3} = 3,96$ knm (FBL wird gezogen)

Stabendmomente

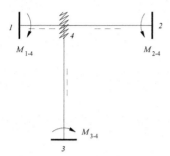

5. Stabendmomente in negative Richtung, bezogen auf die FBL, antragen
6. Stabendmomente sind positiv, wenn in Uhrzeigersinn drehend

$$M_{1-4} = M_{1-4}° + EI\frac{4\phi_1 + 2\phi_4 + 6\upsilon_{4-1}}{L_{4-1}}$$

$$M_{1-4}° = 0$$

$$\phi_1 = 0$$

$$\phi_4 = -\frac{9}{19.000}$$

$$\upsilon_{4-1} = \frac{0,8}{1.000}$$

$$M_{1-4} = EI\left(2\frac{-9}{19.000} + 6\frac{0,8}{1.000}\right) = 20,14\,\text{knm}$$

→ keine Änderung der Drehrichtung

M_{1-4} ist positiv (in Uhrzeigersinn drehend)

$$M_{2-4} = M_{2-4}° + EI\frac{4\phi_2 + 2\phi_4 + 6\upsilon_{2-4}}{L_{2-4}}$$

$$M_{2-4}° = 0$$

$$\phi_2 = 0$$

$$\phi_4 = -\frac{9}{19.000}$$

$$v_{4-2} = -\frac{0,8}{2.000}$$

$$M_{2-4} = EI\,\frac{2\dfrac{-9}{19.000} - 6\dfrac{0,8}{2.000}}{2} = -8,75\,\text{knm}$$

→ Änderung der Drehrichtung

→ M_{2-4} = 8,75 knm (in Uhrzeigersinn drehend)

$$M_{3-4} = M_{3-4}{}^{\circ} + EI\,\frac{4\phi_3 + 2\phi_4 + 6v_{4-3}}{L_{4-3}}$$

$$M_{3-4}{}^{\circ} = 0$$

$$\phi_3 = 0$$

$$\phi_4 = -\frac{9}{19.000}$$

$$v_{4-3} = 0$$

$$M_{3-4} = EI\,\frac{2\dfrac{-9}{19.000}}{2,5} = -1,98\,\text{knm}$$

→ Änderung der Drehrichtung

$M_{3-4} = -1,98$ knm (gegen Uhrzeigersinn drehend)

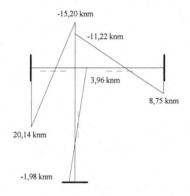

Momentenverlauf

Beispiel 2.1.5

gegeben:

3–fach statisch unbestimmtes System

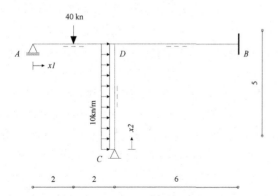

EI = konstant

gesucht:

Verdrehung ϕ_D, Auflagerreaktionen, Momentenverlauf

Lösung:

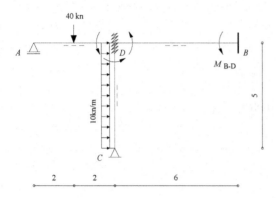

$$M_{D-A} = M_{D-A}{}^\circ + EI \frac{3\phi_D + 3\upsilon_{D-A}}{L_{D-A}}$$

$$M_{D-A}{}^\circ = -\frac{1-\left(\dfrac{2}{4}\right)^2}{2} \cdot 2 \cdot 40 = -30 \rightarrow 30$$

$$\upsilon_{D-A} = 0$$

$$M_{D-A} = 30 + EI \frac{3\phi_D}{4}$$

$$M_{D-B} = M_{D-B}{}^\circ + EI \frac{4\phi_D + 2\phi_B + 6\upsilon_{B-D}}{L_{B-D}}$$

$$M_{D-B}{}^\circ = 0$$

$$\phi_B = 0$$

$$\upsilon_{B-D} = 0$$

$$M_{D-B} = EI \frac{4\phi_D}{6}$$

$$M_{D-C} = M_{D-C}{}^\circ + EI \frac{3\phi_D + 3\upsilon_{D-C}}{L_{D-C}}$$

$$\upsilon_{D-C} = 0$$

$$M_{D-C}{}^{\circ} = \frac{10 \cdot 5^2}{8} = 31,25$$

$$M_{D-C} = 31,25 + EI \frac{3\phi_D}{5}$$

$$M_{D-A} + M_{D-B} + M_{D-C} = 0$$

$$30 + EI \frac{3\phi_D}{4} + EI \frac{4\phi_D}{6} + 31,25 + EI \frac{3\phi_D}{5} = 0 \rightarrow \frac{121 EI \cdot \phi_D}{60} = -61,25$$

$$\phi_D = -\frac{30,37}{EI} \text{ (linksdrehend)}$$

$$M_{D-A} = 30 + EI \frac{3\frac{-30,37}{EI}}{4} = 7,22 \rightarrow -7,22$$

$$M_{D-B} = EI \frac{4\frac{-30,37}{EI}}{6} = -20,25$$

$$M_{D-C} = 31,25 + EI \frac{3\frac{-30,37}{EI}}{5} = 13,03 \rightarrow -13,03$$

Stabendmoment

$$M_{B-D} = M_{B-D}{}^{\circ} + EI \frac{4\phi_B + 2\phi_D + 6\upsilon_{B-D}}{L_{B-D}} = 0 + EI \frac{2\frac{-30,37}{EI}}{6} = -10,12 \rightarrow 10,12$$

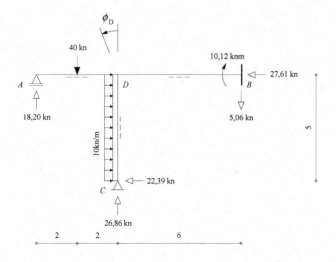

Auflagerreaktionen

VS (virtueller Schnitt) ($x1$ = 4/links)

A → A·4 m – 40 kn·2 m = –7,22 knm → A = 18,20 kn

VS($x2$ = 5/links)

$C_{(H)}$ → $C_{(H)}$·5 m – 10 kn/m·5 m·2,5 m = –13,03 knm → $C_{(H)}$ = 22,39 kn

VS($x1$ = 10/links)

$C_{(V)}$ → $C_{(V)}$·6 m + 22,39 kn·5 m + 18,20 kn·10 m – 40 kn·8 m – 10 kn/m·5 m·2,5 m = 10,12 knm → $C_{(V)}$ = 26,86 kn

VS($x1$ = 4/rechts)

$B_{(V)}$ → $B_{(V)}$·6 m + 10,12 knm = –20,25 knm → $B_{(V)}$ = –5,06 kn

$B_{(H)}$ → $\sum H = 0$ → $B_{(H)}$ = 10 kn/m·5 m – 22,39 kn = 27,61 kn

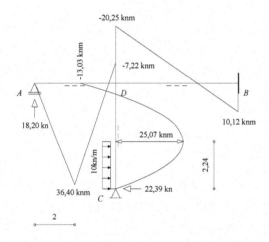

Momentenverlauf

$M_{(x1=2)}$ = 18,20·2 = 36,40 knm

Querkraftnullstelle $x2$=0–5

22,39 kn ($C_{(H)}$) – 10 kn/m·x^0 = 0 → x^0 = 2,24 m

$M_{(x2=2,24)}$ = 22,39·2,24 – 10·2,24·2,24/2 = 25,07 knm

Beispiel 2.1.6

gegeben:

6–fach statisch unbestimmtes System

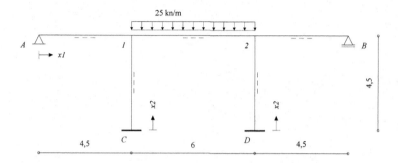

$$S_{(A-1)} = S_{(1-2)} = S_{(B-2)} = 4{,}95EI$$

gesucht:

Auflagerreaktionen

Lösung:

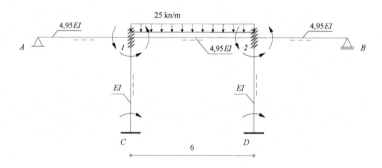

$$M_{1-A} = M_{1-A}{}^\circ + EI\frac{3\phi_1 + 3\upsilon_{1-A}}{L_{1-A}} = 4{,}95EI\frac{3\phi_1}{4{,}5}$$

$$M_{1-2} = M_{1-2}{}^\circ + EI\frac{4\phi_1 + 2\phi_2 + 6\upsilon_{2-1}}{L_{2-1}} = -75 + 4{,}95EI\frac{4\phi_1 + 2\phi_2}{6}$$

$$M_{1-C} = M_{1-C}{}^\circ + EI\frac{4\phi_1 + 2\phi_C + 6\upsilon_{1-C}}{L_{1-C}} = EI\frac{4\phi_1}{4{,}5}$$

$$M_{1-A} + M_{1-2} + M_{1-C} = 0$$

$$4{,}95EI\frac{3\phi_1}{4{,}5}-75+4{,}95EI\frac{4\phi_1+2\phi_2}{6}+EI\frac{4\phi_1}{4{,}5}=0$$

$$7{,}49\phi_1+1{,}65\phi_2=\frac{75}{EI}\quad\text{(Gleichung 1)}$$

$$M_{2-1}=M_{2-1}{}^{\circ}+EI\frac{4\phi_2+2\phi_1+6\upsilon_{2-1}}{L_{2-1}}=75+4{,}95EI\frac{4\phi_2+2\phi_1}{6}$$

$$M_{2-B}=M_{2-B}{}^{\circ}+EI\frac{3\phi_2+3\upsilon_{B-2}}{L_{B-2}}=4{,}95EI\frac{3\phi_2}{4{,}5}$$

$$M_{2-D}=M_{2-D}{}^{\circ}+EI\frac{4\phi_2+2\phi_D+6\upsilon_{2-D}}{L_{2-D}}=EI\frac{4\phi_2}{4{,}5}$$

$$M_{2-1}+M_{2-B}+M_{2-D}=0$$

$$75+4{,}95EI\frac{4\phi_2+2\phi_1}{6}+4{,}95EI\frac{3\phi_2}{4{,}5}+EI\frac{4\phi_2}{4{,}5}=0$$

$$7{,}49\phi_2+1{,}65\phi_1=-\frac{75}{EI}\quad\text{(Gleichung 2)}$$

ϕ_1	ϕ_2	b
7,49	1,65	$\dfrac{75}{EI}$
1,65	7,49	$-\dfrac{75}{EI}$
$\dfrac{12{,}84}{EI}$	$-\dfrac{12{,}84}{EI}$	

$$\phi_1=\frac{12{,}84}{EI}$$

$$\phi_2=-\frac{12{,}84}{EI}$$

$$M_{1-A}=4{,}95EI\frac{3\phi_1}{4{,}5}=42{,}37\rightarrow-42{,}37$$

$$M_{1-2}=-75+4{,}95EI\frac{4\phi_1+2\phi_2}{6}=-53{,}81$$

$$M_{1-C}=EI\frac{4\phi_1}{4{,}5}=11{,}41\rightarrow-11{,}41$$

$$M_{2-1} = 75 + 4,95 EI \frac{4\phi_2 + 2\phi_1}{6} = 53,81 \rightarrow -53,81$$

$$M_{2-B} = 4,95 EI \frac{3\phi_2}{4,5} = -42,37$$

$$M_{2-D} = EI \frac{4\phi_2}{4,5} = -11,41 \rightarrow 11,41$$

Stabendmomente

$$M_{C-1} = M_{C-1}° + EI \frac{4\phi_C + 2\phi_1 + 6\upsilon_{1-C}}{L_{1-C}} = EI \frac{2\phi_1}{4,5} = 5,71$$

$$M_{D-2} = M_{D-2}° + EI \frac{4\phi_D + 2\phi_2 + 6\upsilon_{2-D}}{L_{2-D}} = EI \frac{2\phi_2}{4,5} = -5,71$$

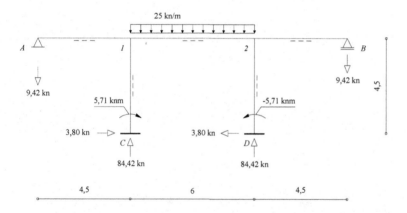

Auflagerreaktionen

VS($x1$ = 4,5/links)

$A_{(V)}$·4,5 = –42,37 → $A_{(V)}$ = –9,42 kn = B

VS($x2$ = 4,5/links)

$C_{(H)}$·4,5 + 5,71 = –11,41 → $C_{(H)}$ = –3,80 kn

VS($x3$ = 4,5/links)

$D_{(H)}$·4,5 – 5,71 = 11,41 → $D_{(H)}$ = 3,80 kn

VS($x1$ = 10,5/links)

$C_{(V)}$·6 – 3,80·4,5 + 5,71 – 9,42·10,5 – 25·6·3 = –53,81 → 84,42 kn = $D_{(V)}$

$A_{(H)}$ = 0

Beispiel 2.1.7

gegeben:

2–fach statisch unbestimmtes System

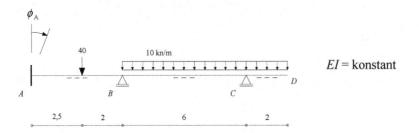

EI = konstant

gesucht:

ϕ_A für $M_{(B)} = -28{,}50$ knm

Lösung:

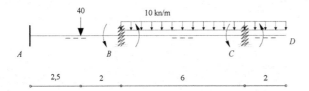

$$M_{B-A} = M_{B-A}° + EI\frac{4\phi_B + 2\phi_A + 6\upsilon_{B-A}}{L_{B-A}} = 24{,}69 + EI\frac{4\phi_B}{4{,}5}$$

$$M_{B-C} = M_{B-C}° + EI\frac{4\phi_B + 2\phi_C + 6\upsilon_{C-B}}{L_{C-B}} = -30 + EI\frac{4\phi_B + 2\phi_C}{6}$$

$$M_{B-A} + M_{B-C} = 0$$

$$\frac{14\phi_B}{9} + \frac{\phi_C}{3} = \frac{5{,}31}{EI} \quad \text{(Gleichung1)}$$

$$M_{C-B} = M_{C-B}° + EI\frac{4\phi_C + 2\phi_B + 6\upsilon_{C-B}}{L_{C-B}} = 30 + EI\frac{4\phi_C + 2\phi_B}{6}$$

$$M_{C-D} = M_{C-D}° = -10\cdot 2 = -20$$

$$M_{C-B} + M_{C-D} = 0$$

$$\frac{2\phi_C}{3} + \frac{\phi_B}{3} = \frac{-10}{EI} \quad \text{(Gleichung 2)}$$

ϕ_B	ϕ_C	b
$\dfrac{14}{9}$	$\dfrac{1}{3}$	$\dfrac{5,31}{EI}$
$\dfrac{1}{3}$	$\dfrac{2}{3}$	$-\dfrac{10}{EI}$
$\dfrac{7,41}{EI}$	$-\dfrac{18,69}{EI}$	

$$M_{B-A} = 24,69 + EI\frac{4\phi_B}{4,5} = 31,28 \rightarrow -31,28$$

Annahme:

A erfährt eine Verdrehung von 0,001 rad

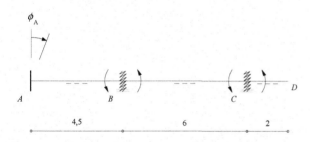

$$M_{B-A} = EI\frac{4\phi_B + 2\phi_A + 6\upsilon_{B-A}}{L_{B-A}} = EI\frac{4\phi_B + 2\cdot 0,001}{4,5}$$

$$M_{B-C} = EI\frac{4\phi_B + 2\phi_C + 6\upsilon_{C-B}}{L_{C-B}} = EI\frac{4\phi_B + 2\phi_C}{6}$$

$$M_{B-A} + M_{B-C} = 0$$

$$EI\frac{4\phi_B + 0,002}{4,5} + EI\frac{4\phi_B + 2\phi_C}{6} = 0 \rightarrow \frac{14EI\phi_B}{9} + \frac{EI\phi_C}{3} = -\frac{0,002EI}{4,5} \quad (1)$$

$$M_{C-B} = EI \frac{4\phi_C + 2\phi_B + 6\upsilon_{C\text{-}B}}{L_{C\text{-}B}} = EI \frac{4\phi_C + 2\phi_B}{6}$$

$M_{C-D} = 0$

$M_{C-B} + M_{C-D} = 0$

$$\frac{2EI\phi_C}{3} + \frac{EI\phi_B}{3} = 0 \quad (2)$$

ϕ_B	ϕ_C	b
$\dfrac{14}{9}$	$\dfrac{1}{3}$	$-\dfrac{0,004}{9}$
$\dfrac{1}{3}$	$\dfrac{2}{3}$	0
$-\dfrac{1}{3.126}$	$\dfrac{1}{6.253}$	

$$M_{B-A} = EI \frac{4\phi_B + 2\phi_A}{4,5} = EI \frac{4\dfrac{-1}{3.126} + 0,002}{4,5} = \frac{EI}{6.246} \rightarrow -\frac{EI}{6.246}$$

ϕ_A muss gegen den Uhrzeiger drehen

$31,28 - 28,50 = 2,78 \text{ knm}$

$$\frac{\dfrac{0,001}{EI}}{6.246} = \frac{x}{2,78} \rightarrow x = \frac{17,36}{EI}$$

$$\phi_A = -\frac{17,36}{EI} [\text{rad}]$$

Beispiel 2.1.8

gegeben:

9–fach statisch unbestimmtes System

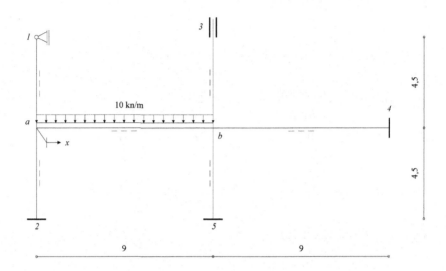

$S_{(a-2)} = 6{,}09EI$

$S_{(a-b)} = 8{,}9EI$

gesucht:

ϕ_a, ϕ_b, Momentenverlauf

Lösung:

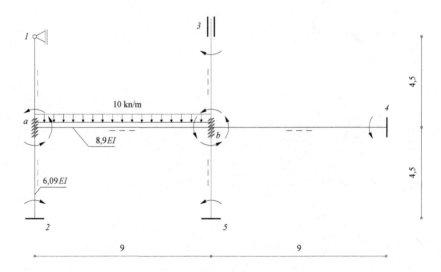

$$M_{a-1} = EI \frac{3\phi_a + 3\upsilon_{1-a}}{L_{1-a}} = EI \frac{3\phi_a}{4,5}$$

$$M_{a-b} = M_{a-b}° + 8,9EI \frac{4\phi_a + 2\phi_b + 6\upsilon_{b-a}}{L_{b-a}} = -67,5 + 8,9EI \frac{4\phi_a + 2\phi_b}{9}$$

$$M_{a-2} = 6,09EI \frac{4\phi_a + 2\phi_2 + 6\upsilon_{a-2}}{L_{a-2}} = 6,09EI \frac{4\phi_a}{4,5}$$

$M_{a-1} + M_{a-b} + M_{a-2} = 0 \rightarrow 10,04EI\phi_a + 1,98EI\phi_b = 67,5$ (1)

$$M_{b-a} = M_{b-a}° + 8,9EI \frac{4\phi_b + 2\phi_a + 6\upsilon_{b-a}}{L_{b-a}} = 67,5 + 8,9EI \frac{4\phi_b + 2\phi_a}{9}$$

$$M_{b-3} = EI \frac{4\phi_b + 2\phi_3 + 6\upsilon_{b-3}}{L_{b-3}} = EI \frac{4\phi_b}{4,5}$$

$$M_{b-4} = EI \frac{4\phi_b + 2\phi_4 + 6\upsilon_{4-b}}{L_{4-b}} = EI \frac{4\phi_b}{9}$$

$$M_{b-5} = EI \frac{4\phi_b + 2\phi_5 + 6\upsilon_{5-b}}{L_{5-b}} = EI \frac{4\phi_b}{4,5}$$

$M_{b-a} + M_{b-3} + M_{b-4} + M_{b-5} = 0 \rightarrow 6,18EI\phi_b + 1,98EI\phi_a = -67,5$ (2)

ϕ_a	ϕ_b	b
10,04	1,98	$\frac{67,5}{EI}$
1,98	8,16	$-\frac{67,5}{EI}$
$\frac{9,48}{EI}$	$-\frac{13,96}{EI}$	

$$M_{a-1} = EI \frac{3\frac{9,48}{EI}}{4,5} = 6,32$$

$$M_{a-b} = -67,5 + 8,9EI \frac{4\frac{9,48}{EI} + 2\frac{-13,96}{EI}}{9} = -57,61$$

$$M_{a-2} = 6,09EI \frac{4\frac{9,48}{EI}}{4,5} = 51,32 (-)$$

$$M_{b-a} = 67,5 + 8,9EI \frac{4\dfrac{-13,96}{EI} + 2\dfrac{9,48}{EI}}{9} = 31,03(-)$$

$$M_{b-3} = EI \frac{4\dfrac{-13,96}{EI}}{4,5} = -12,41(+)$$

$$M_{b-4} = EI \frac{4\dfrac{-13,96}{EI}}{9} = -6,20$$

$$M_{b-5} = EI \frac{4\dfrac{-13,96}{EI}}{4,5} = -12,41$$

Stabendmomente

$$M_{2-a} = 6,09EI \frac{4\phi_2 + 2\phi_a + 6\upsilon_{a-2}}{L_{a-2}} = 6,09EI \frac{2\phi_a}{4,5} = 6,09EI \frac{2\dfrac{9,48}{EI}}{4,5} = 25,66$$

$$M_{5-b} = EI \frac{4\phi_5 + 2\phi_b + 6\upsilon_{5-b}}{L_{5-b}} = EI \frac{2\dfrac{-13,96}{EI}}{4,5} = -6,20\,(+)$$

$$M_{3-b} = EI \frac{4\phi_3 + 2\phi_b + 6\upsilon_{b-3}}{L_{b-3}} = EI \frac{2\dfrac{-13,96}{EI}}{4,5} = -6,20$$

$$M_{4-b} = EI \frac{4\phi_4 + 2\phi_b + 6\upsilon_{4-b}}{L_{4-b}} = EI \frac{2\dfrac{-13,96}{EI}}{9} = -3,04\,(+)$$

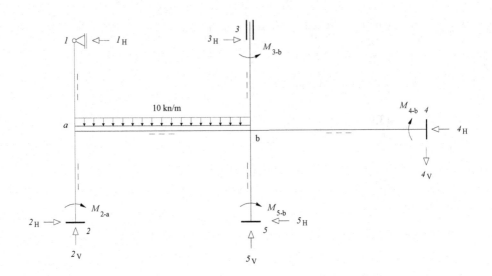

Auflagerreaktionen

$2_{(H)}$ → $-2_{(H)}\cdot4,5 + M_{2-a} = M_{a-2}$ → $-2_{(H)}\cdot4,5 + 25,66 = -51,32$ → $2_{(H)} = 17,11$

$1_{(H)}$ → $1_{(H)}\cdot4,5 = M_{a-1}$ → $1_{(H)}\cdot4,5 = 6,32$ → $1_{(H)} = 1,40$

$2_{(V)}$ → $2_{(V)}\cdot9 - 2_{(H)}\cdot4,5 + M_{2-a} - 1_{(H)}\cdot4,5 - 10\cdot9\cdot9/2 = M_{b-a}$ → $= 2_{(V)}\cdot9 - 17,11\cdot4,5 + 25,66 - 1,4\cdot4,5 - 10\cdot9\cdot9/2 = -31,03$

→ $2_{(V)} = 47,96$

$3_{(H)}$ → $3_{(H)}\cdot4,5 + M_{3-b} = M_{b-3}$ → $= 3_{(H)}\cdot4,5 - 6,2 = 12,41$ → $3_{(H)} = 4,14$

$5_{(H)}$ → $5_{(H)}\cdot4,5 + M_{5-b} = M_{b-5}$ → $= -5_{(H)}\cdot4,5 + 6,2 = -12,41$ → $5_{(H)} = 4,14$

$4_{(V)}$ → $-4_{(V)}\cdot9 + M_{4-b} = M_{b-4}$ → $= -4_{(V)}\cdot9 + 3,04 = -6,2$ → $4_{(V)} = 1,03$

$4_{(H)}$ → $\sum H = 0$ → $4_{(H)} = 1_{(H)} - 2_{(H)} - 3_{(H)} + 5_{(H)} = 1,4 - 17,11 - 4,14 + 4,14 = -15,71$

$5_{(V)}$ → $\sum V = 0$ → $2_{(V)} - 4_{(V)} - 10\cdot9 = 47,96 - 1,03 = -43,07$

Momentenverlauf

max Feldmoment $S_{(a-b)}$

$2_{(V)} - 10\cdot x^0 = 0$ → $x^0 = 4,80$

$M_{(x=4,80)} = 2_{(V)}\cdot4,8 - (1_{(H)} + 2_{(H)})\cdot4,5 + M_{2-a} - 10\cdot4,8\cdot4,8/2 = 57,37$

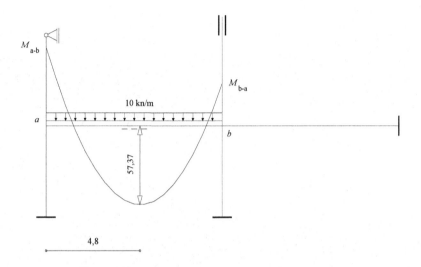

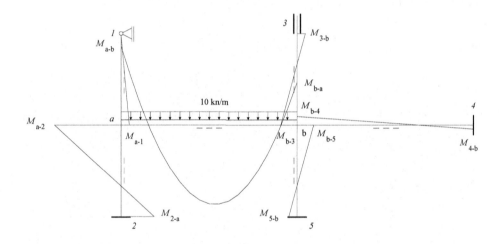

Beispiel 2.1.9

gegeben:

4–fach statisch unbestimmtes System

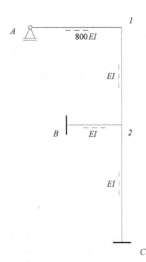

$S_{(A-1)} = S_{(1-2)} = 5{,}00$ m

$S_{(B-2)} = 3{,}00$ m

$S_{(C-2)} = 6{,}00$ m

Horizontalverschiebung von Punkt $2 = 7{,}5$ mm

gesucht:

Momentenverlauf, Auflagerreaktionen

Lösung:

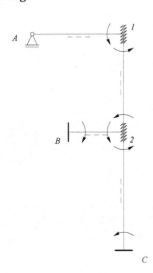

$$M_{1-A} = 800EI\frac{3\phi_1 + 3\upsilon_{1-A}}{L_{1-A}} = 800EI\frac{3\phi_1}{5}$$

$$M_{1-2} = EI\frac{4\phi_1 + 2\phi_2 + 6\upsilon_{2-1}}{L_{2-1}} = EI\frac{4\phi_1 + 2\phi_2 - 6\upsilon_{2-1}}{5}$$

$$M_{1-A} + M_{1-2} = 0 \rightarrow 480{,}8EI\phi_1 + 0{,}4EI\phi_2 - 1{,}2EI\upsilon_{2-1} = 0 \ (1)$$

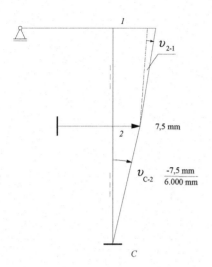

Annahme: v_{2-1} ist negativ

$$M_{2-B} = EI\frac{4\phi_2 + 2\phi_B + 6v_{2-B}}{L_{2-B}} = EI\frac{4\phi_2}{3}$$

$$M_{2-C} = EI\frac{4\phi_2 + 2\phi_C + 6v_{C-2}}{L_{C-2}} = EI\frac{4\phi_2 + 6\dfrac{-7,5}{6.000}}{6}$$

$$M_{2-1} = EI\frac{4\phi_2 + 2\phi_1 + 6v_{2-1}}{L_{2-1}} = EI\frac{4\phi_2 + 2\phi_1 - 6v_{2-1}}{5}$$

$M_{2-B} + M_{2-C} + M_{2-1} = 0 \rightarrow 2,8EI\phi_2 + 0,4EI\phi_1 - 1,2EIv_{2-1} = 0,00125EI$ (2)

$M_{1-A} = M_{2-1} \rightarrow 479,6EI\phi_1 = 0,8EI\phi_2 - 1,2EIv_{2-1}$ (3)

ϕ_1	ϕ_2	v_{2-1}	b
480,8	0,4	−1,2	0
0,4	2,8	−1,2	0,00125
479,6	−0,8	1,2	0
1	1	1	
4.225.600	1.760	3.544	

$$M_{1-A} = M_{1-2} = M_{2-1} = \frac{EI}{8.803} (-)$$

$$M_{2-B} = EI\frac{4\phi_2}{3} = \frac{EI}{1.320} (-)$$

$$M_{2-C} = EI\frac{4\phi_2 - 6 \cdot \dfrac{7,5}{6.000}}{6} = -\frac{EI}{1.148}$$

Stabendmomente

$$M_{B-2} = EI\frac{4\phi_B + 2\phi_2 + 6\upsilon_{2-B}}{L_{2-B}} = EI\frac{2\phi_2}{3} = \frac{EI}{2.640}$$

$$M_{C-2} = EI\frac{4\phi_C + 2\phi_2 + 6\upsilon_{C-2}}{L_{C-2}} = EI\frac{2\phi_2 - 6\dfrac{7,5}{6.000}}{6} = -\frac{EI}{943} \ (+)$$

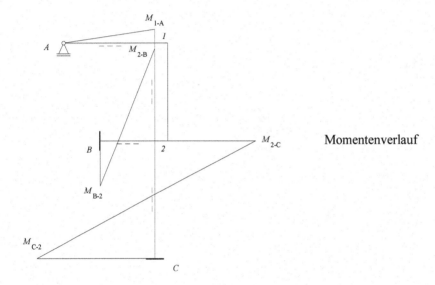

Momentenverlauf

Beispiel 2.1.10

gegeben:

statisch bestimmtes System

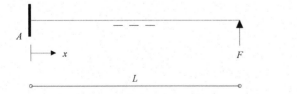

EI = konstant

gesucht:

Vertikalverschiebung $\delta_{(x=L)}$

Lösung:

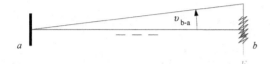

$$M_{a-b} = F \cdot L_{b-a} = EI \frac{4\phi_a + 2\phi_b + 6v_{b-a}}{L_{b-a}} = EI \frac{2\phi_b + 6v_{b-a}}{L_{b-a}}$$

$$M_{b-a} = 0 = EI \frac{4\phi_b + 2\phi_a + 6v_{b-a}}{L_{b-a}} = EI \frac{4\phi_b + 6v_{b-a}}{L_{b-a}}$$

ϕ_b	v_{b-a}	b
$\dfrac{2EI}{L_{b-a}}$	$\dfrac{6EI}{L_{b-a}}$	$F \cdot L_{b-a}$
$\dfrac{4EI}{L_{b-a}}$	$\dfrac{6EI}{L_{b-a}}$	0
$-\dfrac{F \cdot L_{b-a}^{\,2}}{2EI}$	$\dfrac{F \cdot L_{b-a}^{\,2}}{3EI}$	

$$\delta_{(x=L)} = \frac{F \cdot L_{b-a}^{\,3}}{3EI}$$

Beispiel 2.1.11

gegeben:

3–fach statisch unbestimmtes System

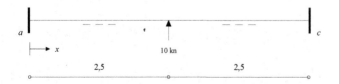

EI = konstant

gesucht:

Vertikalverschiebung $\delta_{(x=2,5)}$

Lösung:

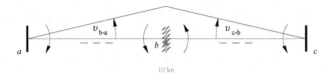

$$M_{b-a} = EI\frac{4\phi_b + 2\phi_a + 6\upsilon_{b-a}}{L_{b-a}} = EI\frac{4\phi_b + 6\upsilon_{b-a}}{2,5}$$

$$M_{b-c} = EI\frac{4\phi_b + 2\phi_c + 6\upsilon_{c-b}}{L_{c-b}} = EI\frac{4\phi_b + 6\upsilon_{c-b}}{2,5}$$

$$M_{b-a} + M_{b-c} = 0 \rightarrow EI\frac{8\phi_b + 6\upsilon_{b-a} + 6\upsilon_{c-b}}{2,5} = 0 \quad (1)$$

$$M_{a-b} = \frac{2,5}{5}\cdot\left(\frac{2,5}{5}\right)^2\cdot 10\cdot 5 = EI\frac{4\phi_a + 2\phi_b + 6\upsilon_{b-a}}{2,5} \rightarrow \frac{25}{4} = EI\frac{2\phi_b + 6\upsilon_{b-a}}{2,5} \quad (2)$$

$$M_{c-b} = -\left(\frac{2,5}{5}\right)^2\cdot\frac{2,5}{5}\cdot 10\cdot 5 = EI\frac{4\phi_c + 2\phi_b + 6\upsilon_{c-b}}{2,5} \rightarrow -\frac{25}{4} = EI\frac{2\phi_b + 6\upsilon_{c-b}}{2,5} \quad (3)$$

ϕ_b	υ_{b-a}	υ_{c-b}	b
$\dfrac{8}{2,5}$	$\dfrac{6}{2,5}$	$\dfrac{6}{2,5}$	0
$\dfrac{2}{2,5}$	$\dfrac{6}{2,5}$	0	$\dfrac{25}{4EI}$
$\dfrac{2}{2,5}$	0	$\dfrac{6}{2,5}$	$\dfrac{-25}{4EI}$
0	$\dfrac{125}{48EI}$	$\dfrac{125}{-48EI}$	

$$\delta_{(x=2,5)} = \frac{125}{48EI}\cdot 2,5\,[\text{m}]$$

2.2 Federn: Verdreh- und Verschiebungsgrößen sowie Schnitt-größenermittlungen

Beispiel 2.2.1

gegeben:

1–fach statisch unbestimmtes System

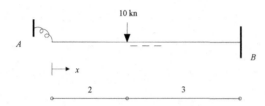

$EI = 5.229$ knm^2

$c_M = 36.000$ knm/rad

gesucht:

Momentenverlauf, Vertikalverschiebung $\delta_{(x=0)}$

Lösung:

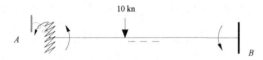

$$M_{A-B} = -\frac{2}{5} \cdot \left(\frac{3}{5}\right)^2 \cdot 10 \cdot 5 + EI\frac{4\phi_A + 2\phi_B + 6\upsilon_{B-A}}{L_{B-A}} = -7,2 + EI\frac{4\phi_A + 6\upsilon_{B-A}}{5}$$

$$M_{Drehfeder} = c_M \cdot \Delta_\phi = 36.000\phi_A$$

$$M_{A-B} + M_{Drehfeder} = 0 \rightarrow -7,2 + EI\frac{4\phi_A + 6\upsilon_{B-A}}{5} + 36.000\phi_A = 0 \quad (1)$$

$$M_{B-A} = -\left(\frac{2}{5}\right)^2 \cdot \frac{3}{5} \cdot 10 \cdot 5 + EI\frac{4\phi_B + 2\phi_A + 6\upsilon_{B-A}}{L_{B-A}} = 4,8 + EI\frac{2\phi_A + 6\upsilon_{B-A}}{5}$$

$$M_{B-A} = M_{A-B} - 10 \cdot 3 = -7,2 + EI \frac{4\phi_A + 6\upsilon_{B-A}}{5} - 30$$

$$4,8 + EI \frac{2\phi_A + 6\upsilon_{B-A}}{5} - 7,2 + EI \frac{4\phi_A + 6\upsilon_{B-A}}{5} - 30 = 0 \quad (2)$$

ϕ_A	υ_{B-A}	b
$\dfrac{4EI}{5} + 36.000$	$\dfrac{6EI}{5}$	7,2
$\dfrac{6EI}{5}$	$\dfrac{12EI}{5}$	32,4
$-\dfrac{1}{4.116}$	$\dfrac{1}{370}$	

$$M_{A-B} = -7,2 + EI \frac{4\phi_A + 6\upsilon_{B-A}}{5} = 8,74$$

$$M_{B-A} = 4,8 + EI \frac{2\phi_A + 6\upsilon_{B-A}}{5} = 21,25 \, (-)$$

Drehfeder

$$c_M = \frac{M}{\mathit{\Delta}_\phi} \rightarrow M = c_M \cdot \mathit{\Delta}_\phi = 36.000 \cdot -\frac{1}{4.116} = -8,74$$

Momentenverlauf siehe Beispiel 1.6.2

$$\delta_{(x=0)} = \upsilon_{B-A} \cdot 5 = \frac{1}{370} \cdot 5 = 0,0135 \text{ m}$$

Beispiel 2.2.2

gegeben:

2–fach statisch unbestimmtes System

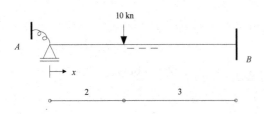

$EI = 667 \text{ knm}^2$

$c_M = 36.000 \text{ knm/rad}$

gesucht:

Auflagerreaktionen, Momentenverlauf

Lösung:

$$M_{A-B} = -\frac{2}{5} \cdot \left(\frac{3}{5}\right)^2 \cdot 10 \cdot 5 + EI \frac{4\phi_A + 2\phi_B + 6\upsilon_{B-A}}{L_{B-A}} = -7,2 + EI \frac{4\phi_A}{5}$$

$$M_{Drehfeder} = c_M \cdot \Delta_\phi = 36.000\phi_A$$

$$M_{A-B} + M_{Drehfeder} = 0 \rightarrow -7,2 + EI \frac{4\phi_A}{5} + 36.000\phi_A = 0$$

$$\rightarrow \phi_A = \frac{9}{EI + 45.000} \text{ (rechtsdrehend)}$$

$$M_{A-B} = -7,2 + EI \frac{4\phi_A}{5} = -7,1$$

$$M_{B-A} = -\left(\frac{2}{5}\right)^2 \cdot \frac{3}{5} \cdot 10 \cdot 5 + EI \frac{4\phi_A + 2\phi_B + 6\upsilon_{B-A}}{L_{B-A}} = 4,8 + EI \frac{2\phi_A}{5} = 4,85 (-)$$

Drehfeder

$$c_M = \frac{M}{\Delta_\phi} \rightarrow M = c_M \cdot \Delta_\phi = 36.000 \cdot \frac{9}{EI + 45.000} = 7,1$$

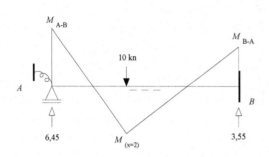

Auflagerreaktionen und Momentenverlauf

$A_{(V)}$ → $A_{(V)} \cdot 5 + M_{A-B} - 10 \cdot 3 =$
M_{B-A} → $5A_{(V)} - 7{,}1 - 30 = -4{,}85$
→ $A_{(V)} = 6{,}45$

$B_{(V)}$ → $\Sigma V = 0$ → $B_{(V)} = 10 -$
$A_{(V)} = 10 - 6{,}45 = 3{,}55$

$M_{(x=2)} = 2A_{(V)} + M_{A-B} = 2 \cdot 6{,}45 -$
$7{,}1 = 5{,}80$

Beispiel 2.2.3

gegeben:

3–fach statisch unbestimmtes System

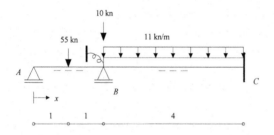

$S_{(A-B)} = 1{,}52EI$

$S_{(B-C)} = EI$

$c_M = 36.000$ knm/rad

$EI = 1.825$ knm^2

gesucht:

Auflagerreaktionen, Momentenverlauf

Lösung:

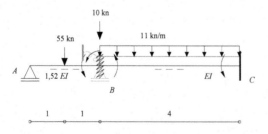

$$M_{B-A} = \frac{1-\left(\frac{1}{2}\right)^2}{2} \cdot 1 \cdot 55 + 1{,}52 EI \frac{3\phi_B + 3\upsilon_{B-A}}{L_{B-A}} = \frac{165}{8} + 1{,}52 EI \frac{3\phi_B}{2}$$

$$M_{B-C} = -\frac{11 \cdot 4^2}{12} + EI \frac{4\phi_B + 2\phi_C + 6\upsilon_{C-B}}{L_{C-B}} = -\frac{44}{3} + EI \frac{4\phi_B}{4}$$

$$M_{\text{Drehfeder}} = 36.000\,\phi_B$$

$$M_{B-A} + M_{B-C} + M_{\text{Drehfeder}} = 0 \rightarrow \frac{165}{8} + 1{,}52 EI \frac{3\phi_B}{2} - \frac{44}{3} + EI \cdot \phi_B + 36.000\phi_B = 0$$

$$\frac{82 EI \cdot \phi_B}{25} + 36.000\phi_B = -\frac{143}{24}$$

$$\phi_B = -\frac{3.575}{1.968 EI + 21.600.000} = -\frac{1}{7.047}$$

$$M_{B-A} = \frac{165}{8} + 1{,}52 EI \frac{3\phi_B}{2} = 20{,}03\,(-)$$

$$M_{B-C} = -\frac{44}{3} + EI \cdot \phi_B = -14{,}93$$

Drehfeder

$$c_M = \frac{M}{\Delta_\phi} \rightarrow M = c_M \cdot \Delta_\phi = 36.000 \cdot -\frac{1}{7.047} = -5{,}11$$

Stabendmoment

$$M_{C-B} = \frac{11 \cdot 4^2}{12} + EI \frac{4\phi_C + 2\phi_B + 6\upsilon_{C-B}}{L_{C-B}} = \frac{44}{3} + EI \frac{2\phi_B}{4} = 14{,}54\,(-)$$

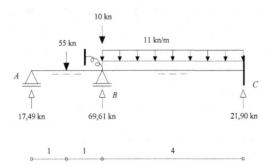

Auflagerreaktionen

$A \rightarrow A \cdot 2 - 55 \cdot 1 = M_{B-A} \rightarrow 2A - 55 = -20{,}03 \rightarrow A = 17{,}49$

$C_{(V)} \rightarrow C_{(V)} \cdot 4 - 11 \cdot 4 \cdot 2 + M_{C-B} = M_{B-C} \rightarrow 4C_{(V)} - 88 - 14{,}54 = -14{,}93 \rightarrow C_{(V)} = 21{,}90$

$B \rightarrow 17{,}49 - 55 - 10 - 11 \cdot 4 + 21{,}90 = -69{,}61$

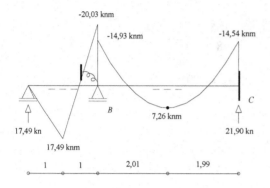

Momentenverlauf

$M_{(x=1)} = A \cdot 1 = 17{,}49$

max Feldmoment $S_{(B-C)}$

$17{,}49 - 55 - 10 + 69{,}61 - 11 \cdot x^0 = 0 \rightarrow x^0 = 2{,}01$

$M_{(x=4,01)} = C_{(V)} \cdot 1{,}99 + M_{C-B} - 11 \cdot 1{,}99 \cdot 1{,}99/2 = 21{,}90 \cdot 1{,}99 - 14{,}54 - 11 \cdot 1{,}99 \cdot 1{,}99/2 = 7{,}26$

Beispiel 2.2.4

gegeben:

5–fach statisch unbestimmtes System

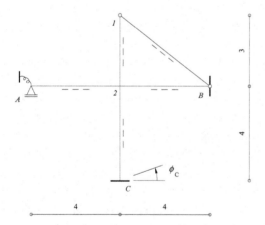

$c_M = 36.000$ knm/rad

$\phi_C = 1{,}15°$

$EI = 163$ knm^2

gesucht:

Momentenverlauf, Normalkraft in $S_{(1-B)}$, Auflagerreaktionen

Lösung:

$\phi_C = 1{,}15° \rightarrow \dfrac{1{,}15° \cdot \pi}{180} = 0{,}02$ [rad]

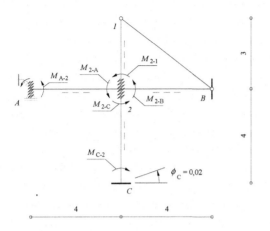

$$M_{2-1} = EI\frac{3\phi_2 + 3\upsilon_{1-2}}{L_{1-2}} = EI\frac{3\phi_2}{3}$$

$$M_{2-B} = EI\frac{3\phi_2 + 3\upsilon_{B-2}}{L_{B-2}} = EI\frac{3\phi_2}{4}$$

$$M_{2-C} = EI\frac{4\phi_2 + 2\phi_C + 6\upsilon_{2-C}}{L_{2-C}} = EI\frac{4\phi_2 - 2\cdot 0,02}{4}$$

$$M_{2-A} = EI\frac{4\phi_2 + 2\phi_A + 6\upsilon_{2-A}}{L_{2-A}} = EI\frac{4\phi_2 + 2\phi_A}{4}$$

$$M_{2-1} + M_{2-B} + M_{2-C} + M_{2-A} = 0 \rightarrow \frac{15\phi_2}{4} + \frac{\phi_A}{2} = 0,01 \quad (1)$$

$$M_{A-2} = EI\frac{4\phi_A + 2\phi_2 + 6\upsilon_{2-A}}{L_{2-A}} = EI\frac{4\phi_A + 2\phi_2}{4}$$

$$M_{\text{Drehfeder}} = 36.000\phi_A$$

$$M_{A-2} + M_{\text{Drehfeder}} = 0 \rightarrow EI\cdot\phi_A + \frac{EI\cdot\phi_2}{2} + 36.000\phi_A = 0 \quad (2)$$

ϕ_A	ϕ_2	b
$\dfrac{1}{2}$	$\dfrac{15}{4}$	$0,01$
$EI + 36.000$	$\dfrac{EI}{2}$	0
$0,02 - \dfrac{0,3EI + 10.800}{14EI + 540.000}$	$\dfrac{0,02EI + 720}{7EI + 270.000}$	

$$M_{2-1} = EI\,\frac{3\phi_2}{3} = 0{,}43$$

$$M_{2-B} = EI\,\frac{3\phi_2}{4} = 0{,}33$$

$$M_{2-C} = EI\,\frac{4\phi_2 - 0{,}04}{4} = -1{,}20\,(+)$$

$$M_{2-A} = EI\,\frac{4\phi_2 + 2\phi_A}{4} = 0{,}43\,(-)$$

$$M_{A-2} = EI\,\frac{4\phi_A + 2\phi_2}{4} = 0{,}22$$

$$c_M = \frac{M}{\Delta_\phi} \rightarrow M = c_M \cdot \Delta_{\phi_A} = -0{,}22$$

$$M_{C-2} = EI\,\frac{4\phi_C + 2\phi_2 + 6\upsilon_{2-C}}{L_{2-C}} = EI\,\frac{4 \cdot -0{,}02 + 2\phi_2}{4} = -3{,}04$$

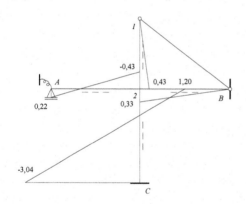

Momentenverlauf

Auflagerreaktionen

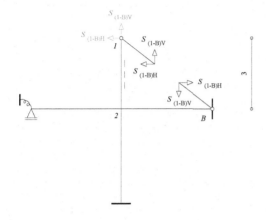

VS $S_{(1-B)}$

$M_{2-1} = + \rightarrow S_{(1-B)}$ ist ein Druckstab (−)

$S_{(1-B)H} \cdot 3 = 0{,}43$ (M_{2-1}) → $S_{(1-B)H} = 0{,}143$ kn

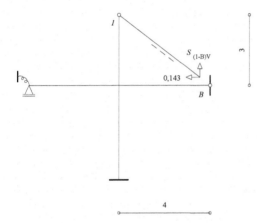

$M_{1-B} = 0 \rightarrow -0{,}143 \cdot 3 + S_{(1-B)V} \cdot 4 = 0 \rightarrow S_{(1-B)V} = 0{,}11$ kn

$S_{(1-B)} = -0{,}18$ kn

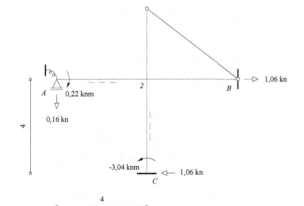

$C_{(H)} \cdot 4 - 3{,}04 = 1{,}19$ (M_{2-C}) → $C_{(H)} = 1{,}06$ kn

$\Sigma H = 0 \rightarrow B_{(H)} = 1{,}06$ kn

$-A_{(V)} \cdot 4 + 0{,}22 = -0{,}43$ (M_{2-A}) → $A_{(V)} = 0{,}16$ kn

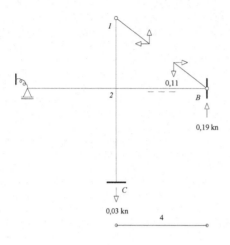

VS $S_{(1-B)}$

$(-0,11 + B_{(V)})\cdot 4 = 0,33$ (M_{2-B}) →
$B_{(V)} = 0,19$ kn

$\sum V = 0$ → $C_{(V)} = 0,16 - 0,19 = -0,03$ kn

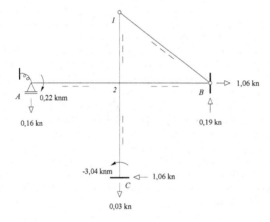

Beispiel 2.2.5

gegeben:

2–fach statisch unbestimmtes System

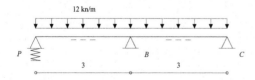

EI = konstant = 3.507 knm²

$c_F = 2.000$ kn/m

gesucht:

Durchsenkung der Wegfeder

Lösung:

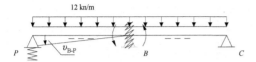

$$M_{B-P} = \frac{12 \cdot 3^2}{8} + EI \frac{3\phi_B + 3\upsilon_{B-P}}{L_{B-P}} = 13,5 + EI \frac{3\phi_B + 3\upsilon_{B-P}}{3}$$

$$M_{B-C} = -\frac{12 \cdot 3^2}{8} + EI \frac{3\phi_B + 3\upsilon_{C-B}}{L_{C-B}} = -13,5 + EI \frac{3\phi_B}{3}$$

$$M_{B-P} + M_{B-C} = 0 \rightarrow 2EI\phi_B + EI\upsilon_{B-P} = 0 \ (1)$$

Federsteifigkeit $\rightarrow c_F = \dfrac{P}{\Delta_S}$

$$\Delta_S = \frac{P}{c_F} = \frac{P}{2.000} \rightarrow \upsilon_{B-P} = \frac{\dfrac{P}{2.000}}{3} \rightarrow P = 6.000\upsilon_{B-P}$$

$$M_{B-P} = 3P - 12 \cdot 3 \cdot 1,5 = 3 \cdot 6.000\,\upsilon_{B-P} - 54 = 18.000\,\upsilon_{B-P} - 54$$

$$18.000\upsilon_{B-P} - 54 = -\left(13,5 + EI \frac{3\phi_B + 3\upsilon_{B-P}}{3}\right) \rightarrow \upsilon_{B-P}(18.000 + EI) + EI \cdot \phi_B = 40,5 \ (2)$$

ϕ_B	υ_{B-P}	b
$2EI$	EI	0
EI	$18.000 + EI$	$40,5$
81	81	
$-72.000 - 2EI$	$EI + 36.000$	

$$M_{B-P} = 13,5 + EI \frac{3\phi_B + 3\upsilon_{B-P}}{3} = 17,09 \ (-)$$

Durchsenkung der Wegfeder

$$P \cdot 3 - 12 \cdot 3 \cdot 1,5 = -17,09 \ \text{knm} \rightarrow P = 12,30 \ \text{kn} = 6.000\upsilon_{B-P}$$

$$\Delta_S = \frac{P}{c_F} = \frac{12,30}{2.000} = 0,006152\,\text{m} = 0,615\,\text{cm}$$

Beispiel 2.2.6

gegeben:

2–fach statisch unbestimmtes System

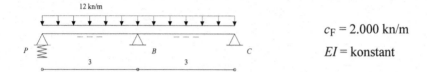

$c_F = 2.000$ kn/m

$EI =$ konstant

gesucht:

ϕ_P

Lösung:

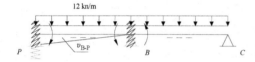

$$M_{B-P} = \frac{12 \cdot 3^2}{12} + EI \frac{4\phi_B + 2\phi_P + 6\upsilon_{B-P}}{L_{B-P}} = 9 + EI \frac{4\phi_B + 2\phi_P + 6\upsilon_{B-P}}{3}$$

$$M_{B-C} = -\frac{12 \cdot 3^2}{8} + EI \frac{3\phi_B + 3\upsilon_{C-B}}{L_{C-B}} = -13,5 + EI \cdot \phi_B$$

$$M_{B-P} + M_{B-C} = 0 \rightarrow \frac{7EI \cdot \phi_B}{3} + \frac{2EI \cdot \phi_P}{3} + 2EI \cdot \upsilon_{B-P} = 4,5 \quad (1)$$

$$M_{P-B} = 0 = -\frac{12 \cdot 3^2}{12} + EI \frac{4\phi_P + 2\phi_B + 6\upsilon_{B-P}}{L_{B-P}} = -9 + EI \frac{4\phi_P + 2\phi_B + 6\upsilon_{B-P}}{3} \quad (2)$$

Federsteifigkeit $\rightarrow c_F = \dfrac{P}{\Delta_S}$

$$\Delta_S = \frac{P}{c_F} = \frac{P}{2.000} \rightarrow \upsilon_{B-P} = \frac{\dfrac{P}{2.000}}{3} \rightarrow P = 6.000\upsilon_{B-P}$$

$18.000\,\upsilon_{B-P} - 54 = -13,5 + EI\phi_B \rightarrow 18.000\,\upsilon_{B-P} - EI\phi_B = 40,5 \ (3)$

ϕ_B	ϕ_P	v_{B-P}	b
$\dfrac{7EI}{3}$	$\dfrac{2EI}{3}$	$2EI$	$4{,}5$
$\dfrac{2EI}{3}$	$\dfrac{4EI}{3}$	$2EI$	9
$-EI$	0	18.000	$40{,}5$
$\dfrac{81EI+2.916.000}{-2(EI)^2-144.000EI-2{,}592\cdot10^9}$	$\dfrac{27}{4EI} - \dfrac{405}{4EI+144.000}$	$\dfrac{81}{EI+36.000}$	

Beispiel 2.2.7

gegeben:

2–fach statisch unbestimmtes System

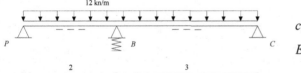

$c_F = 3.400$ kn/m

$EI = $ konstant $= 945$ knm^2

gesucht:

Durchsenkung der Wegfeder

Lösung:

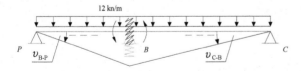

$$M_{B-P} = \frac{12\cdot2^2}{8} + EI\,\frac{3\phi_B + 3v_{B-P}}{L_{B-P}} = 6 + EI\,\frac{3\phi_B + 3v_{B-P}}{2}$$

$$M_{B-C} = -\frac{12\cdot3^2}{8} + EI\,\frac{3\phi_B + 3v_{C-B}}{L_{C-B}} = -\frac{27}{2} + EI\,\frac{3\phi_B + 3v_{C-B}}{3}$$

$$M_{B-P} + M_{B-C} = 0 \rightarrow \frac{5EI \cdot \phi_B}{2} + \frac{3EI \cdot v_{B-P}}{2} + EI \cdot v_{C-B} = \frac{15}{2} \quad (1)$$

$$2P_{(V)} - 12 \cdot 2 \cdot 1 = -\left(6 + EI\frac{3\phi_B + 3v_{B-P}}{2}\right) \rightarrow 2P_{(V)} + \frac{3EI \cdot \phi_B}{2} + \frac{3EI \cdot v_{B-P}}{2} = 18 \quad (2)$$

$$3C_{(V)} - 12 \cdot 3 \cdot 1{,}5 = -\frac{27}{2} + EI(\phi_B + v_{C-B}) \rightarrow 3C_{(V)} - EI \cdot \phi_B - EI \cdot v_{C-B} = \frac{81}{2} \quad (3)$$

$$\Delta_S = \frac{B}{c_F} = \frac{B}{3.400} \rightarrow v_{B-P} = \frac{\frac{B}{3.400}}{2} \rightarrow B = 6.800\, v_{B-P}$$

$$5P_{(V)} - 6.800\, v_{B-P} \cdot 3 - 12 \cdot 5 \cdot 2{,}5 = 0 \rightarrow 5P_{(V)} - 20.400\, v_{B-P} = 150 \quad (4)$$

$$\Delta_S = \frac{B}{c_F} = \frac{B}{3.400} \rightarrow v_{C-B} = \frac{\frac{B}{3.400}}{3} \rightarrow B = 10.200\, v_{C-B}$$

$$5C_{(V)} + 10.200\, v_{C-B} \cdot 2 - 12 \cdot 5 \cdot 2{,}5 = 0 \rightarrow 5C_{(V)} + 20.400\, v_{C-B} = 150 \quad (5)$$

$P_{(V)}$	ϕ_B	$C_{(V)}$	v_{B-P}	v_{C-B}	b
0	$\frac{5EI}{2}$	0	$\frac{3EI}{2}$	EI	$\frac{15}{2}$
2	$\frac{3EI}{2}$	0	$\frac{3EI}{2}$	0	18
0	$-EI$	3	0	$-EI$	$\frac{81}{2}$
5	0	0	-20.400	0	150
0	0	5	0	20.400	150
9,16	$\frac{1}{205}$	16,11	$-\frac{1}{196}$	$\frac{1}{294}$	

Durchsenkung der Wegfeder $= \dfrac{3}{294}\,[\text{m}]$